数B705　新編数学

スパイラル
数学 B

　本書は，実教出版発行の教科書「新編数学B」の内容に完全準拠した問題集です。教科書と本書を一緒に勉強することで，教科書の内容を着実に理解し，学習効果が高められるよう編修してあります。

　教科書の例・例題・応用例題・CHECK・章末問題・思考力 PLUS に対応する問題には，教科書の該当ページが示してあります。教科書を参考にしながら，本書の問題をくり返し解くことによって，教科書の「基礎・基本の確実な定着」を図ることができます。

本書の構成

まとめと要項―― 項目ごとに，重要事項や要点をまとめました。

SPIRAL A ― 基礎的な問題です。教科書の例・例題に対応した問題です。

SPIRAL B ― やや発展的な問題です。主に教科書の応用例題に対応した問題です。

SPIRAL C ― 教科書の思考力 PLUS や章末問題に対応した問題の他に，教科書にない問題も扱っています。

＊マーク―――― ＊印の問題だけを解いていけば，基本的な問題が一通り学習できるように配慮しました。

解答――――― 巻末に，答の数値と図などをのせました。

別冊解答集―― それぞれの問題について，詳しく解答をのせました。

実教出版

学習の進め方

SPIRAL A

教科書の例・例題レベルで構成されています。反復的に学習することで理解を確かな
ものにしていきましょう。

> 7　次の等差数列 $\{a_n\}$ の一般項を求めよ。また，第 10 項を求めよ。　▶國p.7 例4
> *(1)　初項 3，公差 2　　　　　　　*(2)　初項 10，公差 -3
> (3)　初項 1，公差 $\dfrac{1}{2}$　　　　　　(4)　初項 -2，公差 $-\dfrac{1}{2}$

SPIRAL B

教科書の応用例題のレベルの問題と，やや難易度の高い応用問題で構成されています。
SPIRAL A の練習を終えたあと，思考力を高めたい場合に取り組んでください。

> 39　初項から第 3 項までの和 S_3 が 5，初項から第 6 項までの和 S_6 が 45 である
> 等比数列の初項 a と公比 r を求めよ。ただし，公比は 1 でない実数とする。
> ▶國p.17 応用例題1

SPIRAL C

教科書の思考力 PLUS や章末問題レベルを含む，入試レベルの問題で構成されています。
「例題」に取り組んで思考力のポイントを理解してから，類題を解いていきましょう。

> 例題3
> ―――自然数の和
> 2 桁の自然数のうち，4 で割ると 1 余る数について，次の問いに答えよ。
> (1)　このような自然数はいくつあるか。
> (2)　このような自然数の和 S を求めよ。　▶國p.42 章末1
>
> 解　(1)　2 桁の自然数のうち，4 で割ると 1 余る数を小さい方から順に並べると
> 　　　　13, 17, 21, ……, 97
> 　　これは，初項 13，公差 4 の等差数列であるから，一般項 a_n は
> 　　　　$a_n = 13 + (n-1) \times 4 = 4n + 9$
> 　　97 を第 n 項とすると，$4n + 9 = 97$ より　$n = 22$
> 　　よって，**22 個**　答
> 　　(2)　初項 13，末項 97，項数 22 の等差数列の和であるから
> 　　　　$S = \dfrac{1}{2} \times 22 \times (13 + 97) = \mathbf{1210}$　答
>
> 21　2 桁の自然数のうち，3 で割ると 2 余る数について，次の問いに答えよ。
> (1)　このような自然数はいくつあるか。
> (2)　このような自然数の和 S を求めよ。

例4
初項 1，公差 4 の等差数列 $\{a_n\}$ の一般項は

$$a_n = 1 + (n-1) \times 4$$
$$= 4n - 3$$

また，第 10 項は

$$a_{10} = 4 \times 10 - 3 = 37 \qquad \leftarrow \begin{array}{l} a_n = 4n-3 \text{ に} \\ n = 10 \text{ を代入} \end{array}$$

新編数学B　p.7

― 等比数列の和と初項・公比

応用例題1
初項から第 3 項までの和 S_3 が 28，初項から第 6 項までの和 S_6 が 252 である等比数列の初項 a と公比 r を求めよ。ただし，公比は 1 でない実数とする。

解

$S_3 = 28$ より　$\dfrac{a(r^3-1)}{r-1} = 28$　　……①

$S_6 = 252$ より　$\dfrac{a(r^6-1)}{r-1} = 252$　　……②

②より　$\dfrac{a(r^3+1)(r^3-1)}{r-1} = 252$　$\leftarrow \begin{array}{l} r^6-1 = (r^3)^2 - 1^2 \\ \quad = (r^3+1)(r^3-1) \end{array}$

①を代入すると　$28(r^3+1) = 252$

よって　　　　　　　　$r^3 = 8$　$\leftarrow r^3 = \dfrac{252}{28} - 1 = 9 - 1$

r は実数であるから　　$r = 2$

$r = 2$ を①に代入すると　$a = 4$

したがって，初項は $\boldsymbol{a = 4}$，公比は $\boldsymbol{r = 2}$

新編数学B　p.17

1　2桁の自然数のうち，5で割ると2余る数について，次の問いに答えよ。
(1) このような自然数はいくつあるか。　◀ p.8, p.11
(2) このような自然数の和 S を求めよ。

新編数学B　p.42　　章末問題

目次

数学 B

1 章 数列

1 節　数列とその和

2 節　いろいろな数列

3 節　漸化式と数学的帰納法

2 章 確率分布と統計的な推測

1 節　確率分布

2 節　二項分布と正規分布

3 節　統計的な推測

問題数　SPIRAL A : 89 (217)
　　　　SPIRAL B : 53 (69)
　　　　SPIRAL C : 23 (46)

合計問題数　165 (332)

注 : ( ) 内の数字は，各問題の小分けされた問題数

1節　数列とその和

❖1　数列

▶教p.4〜p.5

◾️ 数列

ある規則に従って並べられた数の列を**数列**という。

数列を構成する各数を**項**といい，最初の項を**初項**，n 番目の項を**第 n 項**という。

数列は　a_1, a_2, a_3, ……, a_n, ……　と表され，これを $\{a_n\}$ と表す。

数列 $\{a_n\}$ の第 n 項 a_n が n の式で表されるとき，これを数列 $\{a_n\}$ の**一般項**という。

◾️ 有限数列と無限数列

項の個数が有限個である数列を**有限数列**といい，項が限りなく続く数列を**無限数列**という。有限数列において，項の個数を**項数**，最後の項を**末項**という。

SPIRAL A

1　次の数列の規則を見つけ，□ にあてはまる数を記入せよ。　▶教p.4

*(1)　3, 5, 7, □, 11, 13, ……

(2)　10, 6, 2, −2, □, −10, ……

(3)　1, 3, □, 27, 81, 243, ……

*(4)　16, □, 4, −2, 1, $-\dfrac{1}{2}$, ……

2　数列 $\{a_n\}$ の一般項が次の式で表されるとき，初項から第 5 項までを求めよ。　▶教p.5 例1

(1) $a_n = 3n - 2$　*(2) $a_n = n^2 - 2$　(3) $a_n = \dfrac{n}{n+1}$　*(4) $a_n = 10^n - 1$

3　次の数列 $\{a_n\}$ の第 6 項を求めよ。さらに，一般項 a_n を n の式で表せ。　▶教p.5 例2

(1)　3 の正の倍数を小さい方から順に並べた数列　3, 6, 9, 12, ……

*(2)　自然数の 2 乗を小さい方から順に並べた数列　1, 4, 9, 16, ……

*(3)　5 で割ると余りが 3 となる自然数を小さい方から順に並べた数列

　　　3, 8, 13, 18, ……

4　次の有限数列の初項，末項，および項数を求めよ。　▶教p.5

*(1)　1 以上 99 以下の 6 の倍数を小さい方から順に並べた数列

(2)　2 桁の奇数を小さい方から順に並べた数列

∷2 等差数列

▶教p.6〜p.9

1 等差数列

ある数 a につぎつぎと一定の数 d を加えて得られる数列を**等差数列**といい，a を**初項**，d を**公差**という。

$a,\ a+d,\ a+2d,\ a+3d,\ a+4d, \cdots$

数列 $\{a_n\}$ が等差数列 $\iff a_{n+1} - a_n = d$ （一定）

2 等差数列の一般項

初項 a，公差 d の等差数列 $\{a_n\}$ の一般項は
$$a_n = a + (n-1)d$$

3 等差中項

$a,\ b,\ c$ がこの順に等差数列 $\iff 2b = a + c$　　b を**等差中項**という。

SPIRAL A

5 次の等差数列の初項から第 5 項までを書き並べよ。
▶教p.6

*(1) 初項 3，公差 2　　　　　　　(2) 初項 10，公差 -3

6 次の等差数列について，初項と公差を求めよ。
▶教p.6例3

*(1) 1, 5, 9, 13, ……　　　　　(2) 8, 5, 2, -1, ……

*(3) -12, -7, -2, 3, ……　(4) $1,\ -\dfrac{1}{3},\ -\dfrac{5}{3},\ -\dfrac{9}{3},$ ……

7 次の等差数列 $\{a_n\}$ の一般項を求めよ。また，第 10 項を求めよ。
▶教p.7例4

*(1) 初項 3，公差 2　　　　　*(2) 初項 10，公差 -3

(3) 初項 1，公差 $\dfrac{1}{2}$　　　　(4) 初項 -2，公差 $-\dfrac{1}{2}$

8 次の問いに答えよ。
▶教p.8例5

*(1) 初項 1，公差 3 の等差数列 $\{a_n\}$ について，94 は第何項か。

(2) 初項 50，公差 -7 の等差数列 $\{a_n\}$ について，-83 は第何項か。

9 次の等差数列 $\{a_n\}$ の一般項を求めよ。
▶教p.7, 8

(1) 初項 5，第 7 項が 23　　　*(2) 初項 17，第 5 項が -11

*(3) 公差 6，第 10 項が 15　　　(4) 公差 -5，第 8 項が 9

10 次の等差数列 $\{a_n\}$ の一般項を求めよ。　　　　　　　　　▶️𝑝.8例題1

*(1)　第 5 項が 7，第 13 項が 63　　　(2)　第 4 項が 4，第 7 項が 19

*(3)　第 3 項が 14，第 7 項が 2　　　(4)　第 2 項が 19，第 10 項が -5

11 次の問いに答えよ。　　　　　　　　　　　　　　　　　▶️𝑝.9例題2

*(1)　初項 200，公差 -3 の等差数列 $\{a_n\}$ について，初めて負となる項は第何項か。

(2)　初項 5，公差 3 の等差数列 $\{a_n\}$ について，初めて 1000 を超える項は第何項か。

12 次の 3 つの数がこの順に等差数列であるとき，等差中項 x の値を求めよ。

　　　　　　　　　　　　　　　　　　　　　　　　　　　　▶️𝑝.9例6

*(1)　2，x，12　　　　　　　　(2)　4，x，-2

SPIRAL B

例題 1	一般項が $a_n = 3n - 2$ で表される数列 $\{a_n\}$ は，等差数列であることを示せ。また，初項と公差を求めよ。

等差数列の一般項

解	この数列 $\{a_n\}$ について　　$a_{n+1} = 3(n+1) - 2 = 3n + 1$ であるから　　$a_{n+1} - a_n = (3n+1) - (3n-2) = 3$ よって，2 項間の差が一定の数 3 であるから，数列 $\{a_n\}$ は公差 3 の等差数列である。 また　　$a_1 = 3 \times 1 - 2 = 1$ したがって，初項は **1**，公差は **3** である。　**答**

13 一般項が $a_n = 4n + 3$ で表される数列 $\{a_n\}$ は，等差数列であることを示せ。また，初項と公差を求めよ。

:3 等差数列の和

1 等差数列の和

▶國 p.10〜p.12

等差数列の初項から第 n 項までの和を S_n とすると

[1] 初項 a, 末項 l のとき $\quad S_n = \dfrac{1}{2}n(a+l)$

[2] 初項 a, 公差 d のとき $\quad S_n = \dfrac{1}{2}n\{2a+(n-1)d\}$

2 自然数の和・奇数の和

自然数の和 $\quad 1+2+3+\cdots\cdots+n = \dfrac{1}{2}n(n+1)$

奇数の和 $\quad 1+3+5+\cdots\cdots+(2n-1) = n^2$

SPIRAL A

14 次の等差数列の和を求めよ。 ▶國 p.11 例7

*(1) 初項 200, 末項 10, 項数 20 　(2) 初項 11, 末項 83, 項数 13

*(3) 初項 -4, 公差 3, 項数 12 　(4) 初項 48, 公差 -7, 項数 20

15 次の等差数列の和 S を求めよ。 ▶國 p.11 例題3

(1) 3, 7, 11, 15, ……, 79 　*(2) -8, -5, -2, ……, 70

*(3) 初項 48, 公差 -7, 末項 -78 　(4) 初項 $\dfrac{3}{2}$, 公差 $-\dfrac{1}{3}$, 末項 $-\dfrac{11}{6}$

16 次の等差数列の初項から第 n 項までの和 S_n を求めよ。 ▶國 p.11

*(1) -5, -2, 1, …… 　(2) 20, 16, 12, ……

17 次の和を求めよ。 ▶國 p.12 例8, 9

*(1) $1+2+3+\cdots\cdots+60$ 　(2) $1+2+3+\cdots\cdots+200$

*(3) $1+3+5+\cdots\cdots+39$ 　(4) $1+3+5+\cdots\cdots+99$

SPIRAL B

18 次の問いに答えよ。

(1) 初項 3, 公差 4 の等差数列の初項から第何項までの和が 210 となるか。

(2) 等差数列 -9, -7, -5, …… の初項から第何項までの和が 96 となるか。

SPIRAL C

———等差数列の和の最大値

例題 2
初項 50，公差 -6 である等差数列 $\{a_n\}$ の初項から第何項までの和が最大
となるか。また，そのときの和 S を求めよ。　　　　　▶國 p.42 章末2

解
この等差数列 $\{a_n\}$ の一般項は　$a_n = 50 + (n-1) \times (-6) = -6n + 56$

a_n が負になるのは　$-6n + 56 < 0$ より　$n > \dfrac{56}{6} = 9.3\cdots\cdots$

したがって，第 10 項から負になるので，**第 9 項までの和**が最大となる。　答

また，そのときの和 S は

$$S = \frac{1}{2} \times 9 \times \{2 \times 50 + (9-1) \times (-6)\} = \mathbf{234}　答$$

19　初項 80，公差 -7 である等差数列 $\{a_n\}$ の初項から第何項までの和が最大
となるか。また，そのときの和 S を求めよ。

20　初項から第 6 項までの和が 102，初項から第 11 項までの和が 297 であるよ
うな等差数列 $\{a_n\}$ の一般項を求めよ。

———自然数の和

例題 3
2 桁の自然数のうち，4 で割ると 1 余る数について，次の問いに答えよ。
(1)　このような自然数はいくつあるか。
(2)　このような自然数の和 S を求めよ。　　　　　▶國 p.42 章末1

解
(1)　2 桁の自然数のうち，4 で割ると 1 余る数を小さい方から順に並べると
　　　13, 17, 21, ……, 97
　　これは，初項 13，公差 4 の等差数列であるから，一般項 a_n は
　　$a_n = 13 + (n-1) \times 4 = 4n + 9$
　　97 を第 n 項とすると，$4n + 9 = 97$ より　$n = 22$
　　よって，**22 個**　答
(2)　初項 13，末項 97，項数 22 の等差数列の和であるから
　　$$S = \frac{1}{2} \times 22 \times (13 + 97) = \mathbf{1210}　答$$

21　2 桁の自然数のうち，3 で割ると 2 余る数について，次の問いに答えよ。
(1)　このような自然数はいくつあるか。
(2)　このような自然数の和 S を求めよ。

22　1 から 100 までの自然数のうちで，次のような数の和を求めよ。
(1)　2 の倍数　　　　　　　(2)　3 の倍数
(3)　2 または 3 の倍数　　　(4)　2 でも 3 でも 割り切れない数

∴4 等比数列

▶教p.13〜p.15

1 等比数列

ある数 a につぎつぎと一定の数 r を掛けて得られる数列を**等比数列**といい，a を**初項**，r を**公比**という。

数列 $\{a_n\}$ が等比数列 $\iff \dfrac{a_{n+1}}{a_n} = r$ （ただし，$a_1 \neq 0$，$r \neq 0$）

2 等比数列の一般項

初項 a，公比 r の等比数列 $\{a_n\}$ の一般項は
$$a_n = ar^{n-1}$$

3 等比中項

0 でない 3 つの数 a，b，c がこの順に等比数列 $\iff b^2 = ac$
b を**等比中項**という。

SPIRAL A

23 次の等比数列について，初項と公比を求めよ。 ▶教p.13例10

*(1) 3, 6, 12, 24, ……   *(2) 2, $\dfrac{4}{5}$, $\dfrac{8}{25}$, $\dfrac{16}{125}$, ……

(3) 2, -6, 18, -54, ……   (4) 4, $4\sqrt{3}$, 12, $12\sqrt{3}$, ……

24 次の等比数列 $\{a_n\}$ の一般項を求めよ。また，第 5 項を求めよ。

▶教p.14例11

*(1) 初項 4，公比 3   *(2) 初項 4，公比 $-\dfrac{1}{3}$

(3) 初項 -1，公比 -2 (4) 初項 5，公比 $-\sqrt{2}$

25 次の等比数列 $\{a_n\}$ の一般項を求めよ。 ▶教p.15

*(1) 公比 2，第 6 項が 96   (2) 公比 -3，第 5 項が -162

*(3) 初項 5，第 4 項が 40   (4) 初項 -4，第 5 項が -324

26 次の等比数列 $\{a_n\}$ の一般項を求めよ。 ▶教p.15例題4

*(1) 第 3 項が 12，第 5 項が 48   *(2) 第 4 項が -54，第 6 項が -486

(3) 第 2 項が 6，第 5 項が 48   (4) 第 3 項が 4，第 6 項が $-\dfrac{32}{27}$

27 次の3つの数がこの順に等比数列であるとき，等比中項 x の値を求めよ。

▶國p.15 例12

*(1)　3, x, 12

(2)　4, x, 25

*(3)　2, x, 4

(4)　-3, x, -2

SPIRAL B

28 次の問いに答えよ。

(1)　初項5，公比 -2 の等比数列 $\{a_n\}$ について，-640 は第何項か。

*(2)　初項 $\dfrac{1}{8}$，公比2の等比数列 $\{a_n\}$ について，64は第何項か。

*29　初項4，公比3の等比数列 $\{a_n\}$ について，初めて1000を超える項は第何項か。

*30　3と48の間に3つの項を入れて，等比数列をつくりたい。この3つの項を求めよ。

31 等比数列 $\{a_n\}$ について，$a_1 + a_2 = 15$，$a_3 + a_4 = 240$ であるとき，この数列の一般項を求めよ。

*32　3つの数 6, a, b がこの順に等差数列であり，3つの数 a, b, 16 がこの順に等比数列であるとき，a, b の値を求めよ。

33 3つの数 a, b, c がこの順に等比数列であり，$a + b + c = 13$，$abc = 27$ である。a, b, c の値を求めよ。ただし，$a < b < c$ とする。

∵5 等比数列の和

■ 等比数列の和
▶國p.16〜p.17

初項 a, 公比 r の等比数列の初項から第 n 項までの和 S_n は

$r \neq 1$ のとき $\quad S_n = \dfrac{a(1-r^n)}{1-r} = \dfrac{a(r^n-1)}{r-1}$

$r = 1$ のとき $\quad S_n = na$

SPIRAL A

34 次の等比数列の初項から第 6 項までの和を求めよ。　▶國p.16例13

*(1) 初項 1, 公比 3 　　　　　　*(2) 初項 2, 公比 -2

(3) 初項 4, 公比 $\dfrac{3}{2}$ 　　　　(4) 初項 -1, 公比 $-\dfrac{1}{3}$

35 次の等比数列の初項から第 n 項までの和 S_n を求めよ。　▶國p.17例14

(1) 1, 3, 9, 27, …… 　　　*(2) 2, -4, 8, -16, ……

(3) 81, 54, 36, 24, …… 　　*(4) 8, 12, 18, 27, ……

SPIRAL B

36 初項 16, 公比 $\dfrac{1}{2}$, 末項 $\dfrac{1}{8}$ の等比数列の和 S を求めよ。

*37 初項 3, 公比 2 の等比数列の初項から第何項までの和が 189 になるか。

*38 初項が 2, 初項から第 3 項までの和が 62 である等比数列の初項から第 n 項までの和 S_n を求めよ。

39 初項から第 3 項までの和 S_3 が 5, 初項から第 6 項までの和 S_6 が 45 である等比数列の初項 a と公比 r を求めよ。ただし、公比は 1 でない実数とする。
▶國p.17応用例題1

SPIRAL **C**

40 第2項が12，第5項が96の等比数列がある。このとき，次のものを求めよ。

(1) 初項から第 n 項までの和

(2) 初項から第 n 項までの各項の2乗の和

例題
4

――――等比数列の和

初項から第10項までの和が4で，第11項から第20項までの和が12である等比数列がある。この等比数列の第21項から第30項までの和を求めよ。

解

この等比数列の初項を a，公比を r とすると，
初項から第10項までの和が4であるから
$$a + ar + ar^2 + \cdots\cdots + ar^9 = 4 \qquad \cdots\cdots①$$
第11項から第20項までの和が12であるから
$$ar^{10} + ar^{11} + ar^{12} + \cdots\cdots + ar^{19} = 12 \qquad \cdots\cdots②$$
②より $r^{10}(a + ar + ar^2 + \cdots\cdots + ar^9) = 12$
①を代入すると $r^{10} \times 4 = 12$ より $r^{10} = 3$ ……③
よって，第21項から第30項までの和は，①，③より
$$ar^{20} + ar^{21} + ar^{22} + \cdots\cdots + ar^{29} = r^{20}(a + ar + ar^2 + \cdots\cdots + ar^9)$$
$$= (r^{10})^2(a + ar + ar^2 + \cdots\cdots + ar^9)$$
$$= 3^2 \times 4 = \mathbf{36} \quad 答$$

41 初項から第10項までの和が3で，第11項から第20項までの和が15である等比数列がある。この等比数列の第21項から第30項までの和を求めよ。

例題
5

――――等比数列の和の利用

$2^3 \cdot 3^4$ の正の約数全体の和 S を求めよ。

考え方

$2^3 \cdot 3^4$ の正の約数は，2^3 の正の約数 1，2，2^2，2^3 の中の1つと，3^4 の正の約数 1，3，3^2，3^3，3^4 の中の1つとの積で表される。よって，これらの数は，
$(1 + 2 + 2^2 + 2^3)(1 + 3 + 3^2 + 3^3 + 3^4)$ を展開したときの各項になっている。

解

$2^3 \cdot 3^4$ の正の約数全体の和 S は，次のように表される。
$$S = (1 + 2 + 2^2 + 2^3)(1 + 3 + 3^2 + 3^3 + 3^4)$$
よって，等比数列の和の公式から
$$S = \frac{1 \times (2^4 - 1)}{2 - 1} \times \frac{1 \times (3^5 - 1)}{3 - 1} = 15 \times 121 = \mathbf{1815} \quad 答$$

42 次の数の正の約数全体の和 S を求めよ。

(1) $2^4 \cdot 3^3$ (2) 2^7 (3) $2^5 \cdot 3^4 \cdot 5$

2節　いろいろな数列

⋄1 数列の和と $\sum$ 記号

▶教 p.19〜p.23

1 和の記号 $\sum$

$$\sum_{k=1}^{n} a_k = a_1 + a_2 + a_3 + \cdots + a_n$$

2 和の公式

$$\sum_{k=1}^{n} c = nc \ (c \text{ は定数}) \quad \text{とくに} \ \sum_{k=1}^{n} 1 = n$$

$$\sum_{k=1}^{n} k = \frac{1}{2}n(n+1), \quad \sum_{k=1}^{n} k^2 = \frac{1}{6}n(n+1)(2n+1)$$

3 等比数列の和

$$\sum_{k=1}^{n} ar^{k-1} = \frac{a(1-r^n)}{1-r} = \frac{a(r^n-1)}{r-1} \quad \text{ただし, } r \neq 1$$

4 $\sum$ の性質

$$\sum_{k=1}^{n}(a_k + b_k) = \sum_{k=1}^{n} a_k + \sum_{k=1}^{n} b_k, \quad \sum_{k=1}^{n} ca_k = c\sum_{k=1}^{n} a_k \ (c \text{ は定数})$$

SPIRAL A

43 次の和を求めよ。　　　　　　　　　　　　　　　▶教 p.19 例1

*(1) $1^2 + 2^2 + 3^2 + \cdots + 15^2$ 　　(2) $1^2 + 2^2 + 3^2 + \cdots + 23^2$

44 次の和を，記号 $\sum$ を用いずに表せ。　　　　　　▶教 p.20 例2

*(1) $\displaystyle\sum_{k=1}^{5}(2k+1)$ 　　(2) $\displaystyle\sum_{k=1}^{6} 3^k$

*(3) $\displaystyle\sum_{k=1}^{n}(k+1)(k+2)$ 　　(4) $\displaystyle\sum_{k=1}^{n-1}(k+2)^2$

45 次の和を，記号 $\sum$ を用いて表せ。　　　　　　▶教 p.20 例3

(1) $5 + 8 + 11 + 14 + 17 + 20 + 23 + 26$

(2) $1 + 2 + 2^2 + \cdots + 2^{10}$

46 次の和を求めよ。　　　　　　　　　　　　　　　▶教 p.21 例4

*(1) $\displaystyle\sum_{k=1}^{7} 4$ 　　*(2) $\displaystyle\sum_{k=1}^{12} k$ 　　*(3) $\displaystyle\sum_{k=1}^{6} k^2$ 　　(4) $\displaystyle\sum_{k=1}^{10} k^2$

47 次の和を求めよ。　　　　　　　　　　　　　　▶教p.21例5

*(1) $\displaystyle\sum_{k=1}^{8} 3\cdot 2^{k-1}$　　(2) $\displaystyle\sum_{k=1}^{6} 4\cdot 3^{k-1}$　*(3) $\displaystyle\sum_{k=1}^{10} 2^{k}$　　(4) $\displaystyle\sum_{k=1}^{n}\left(\frac{1}{2}\right)^{k-1}$

48 次の和を求めよ。　　　　　　　　　　　　　　▶教p.22例6

*(1) $\displaystyle\sum_{k=1}^{n}(2k-5)$　　(2) $\displaystyle\sum_{k=1}^{n}(3k+4)$　　*(3) $\displaystyle\sum_{k=1}^{n}(k^2-k-1)$

(4) $\displaystyle\sum_{k=1}^{n}(2k^2-4k+3)$　*(5) $\displaystyle\sum_{k=1}^{n}(3k+1)(k-1)$　(6) $\displaystyle\sum_{k=1}^{n}(k-1)^2$

49 次の和を求めよ。　　　　　　　　　　　　　　▶教p.23例7

*(1) $\displaystyle\sum_{k=1}^{n-1}(2k+3)$　　　　　　(2) $\displaystyle\sum_{k=1}^{n-1}(3k-1)$

*(3) $\displaystyle\sum_{k=1}^{n-1}(k^2+3k+1)$　　　　(4) $\displaystyle\sum_{k=1}^{n-1}(k+1)(k-2)$

50 次の数列の初項から第n項までの和S_nを求めよ。　▶教p.23例題1

(1) $2\cdot 3,\ 3\cdot 4,\ 4\cdot 5,\ \cdots\cdots$　　*(2) $1\cdot 5,\ 2\cdot 8,\ 3\cdot 11,\ \cdots\cdots$

(3) $1\cdot 2,\ 3\cdot 5,\ 5\cdot 8,\ \cdots\cdots$　　*(4) $3^2,\ 5^2,\ 7^2,\ \cdots\cdots$

SPIRAL B
　　　　　　　　　　　　　　　　　　　　　　いろいろな数列の和

例題6 次の数列の初項から第n項までの和S_nを求めよ。
$$1,\ 1+2,\ 1+2+3,\ 1+2+3+4,\ \cdots\cdots$$

解　この数列の第k項は $1+2+3+4+\cdots\cdots+k=\dfrac{1}{2}k(k+1)$ であるから

$$S_n=\sum_{k=1}^{n}\left\{\frac{1}{2}k(k+1)\right\}=\frac{1}{2}\left(\sum_{k=1}^{n}k^2+\sum_{k=1}^{n}k\right)$$
$$=\frac{1}{2}\left\{\frac{1}{6}n(n+1)(2n+1)+\frac{1}{2}n(n+1)\right\}$$
$$=\frac{1}{12}n(n+1)\{(2n+1)+3\}$$
$$=\frac{1}{6}n(n+1)(n+2)\quad\boxed{答}$$

51 次の数列の初項から第n項までの和S_nを求めよ。

(1) $1,\ 1+3,\ 1+3+5,\ 1+3+5+7,\ \cdots\cdots$

*(2) $1,\ 1+3,\ 1+3+9,\ 1+3+9+27,\ \cdots\cdots$

∻2　階差数列　　　∻3　数列の和と一般項

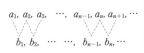

▶数p.24〜p.29, p.31

1 階差数列

数列 $\{a_n\}$ において，隣り合う2つの項の差
$$b_n = a_{n+1} - a_n \quad (n = 1, 2, 3, \cdots\cdots)$$
を項とする数列 $\{b_n\}$ を，もとの数列の**階差数列**という。

2 階差数列と一般項

数列 $\{a_n\}$ の階差数列を $\{b_n\}$ とすると，
$$n \geqq 2 \text{ のとき,} \quad a_n = a_1 + (b_1 + b_2 + b_3 + \cdots\cdots + b_{n-1}) = a_1 + \sum_{k=1}^{n-1} b_k$$

3 数列の和と一般項

数列 $\{a_n\}$ の初項から第 n 項までの和を S_n とすると，

初項 a_1 は　　　$a_1 = S_1$

$n \geqq 2$ のとき　$a_n = S_n - S_{n-1}$

SPIRAL A

52 次の数列の階差数列 $\{b_n\}$ の一般項を求めよ。　　　▶数p.24 例8

(1) $2,\ 3,\ 5,\ 8,\ 12,\ 17,\ \cdots\cdots$ 　　　*(2) $3,\ 5,\ 9,\ 15,\ 23,\ 33,\ \cdots\cdots$

(3) $4,\ 9,\ 12,\ 13,\ 12,\ 9,\ \cdots\cdots$ 　　　*(4) $1,\ 3,\ 7,\ 15,\ 31,\ 63,\ \cdots\cdots$

(5) $-6,\ -5,\ -2,\ 7,\ 34,\ \cdots\cdots$ 　　　*(6) $5,\ 6,\ 3,\ 12,\ -15,\ \cdots\cdots$

53 次の数列 $\{a_n\}$ の一般項を求めよ。　　　▶数p.26 例題2

*(1) $1,\ 3,\ 8,\ 16,\ 27,\ 41,\ \cdots\cdots$ 　　　(2) $1,\ 2,\ 7,\ 16,\ 29,\ \cdots\cdots$

*(3) $10,\ 8,\ 3,\ -5,\ -16,\ \cdots\cdots$ 　　　(4) $-2,\ -1,\ 2,\ 11,\ 38,\ \cdots\cdots$

*(5) $-1,\ 1,\ 5,\ 13,\ 29,\ 61,\ \cdots\cdots$ 　　　(6) $2,\ 3,\ 1,\ 5,\ -3,\ 13,\ \cdots\cdots$

54 初項から第 n 項までの和 S_n が，次の式で与えられる数列 $\{a_n\}$ の一般項を求めよ。　　　▶数p.27 例題3

*(1) $S_n = n^2 - 3n$ 　　　(2) $S_n = 3n^2 + 4n$ 　　　*(3) $S_n = 3^n - 1$

55 $\dfrac{1}{(4k-3)(4k+1)} = \dfrac{1}{4}\left(\dfrac{1}{4k-3} - \dfrac{1}{4k+1}\right)$ であることを用いて，次の和 S_n を求めよ。　　　▶数p.28 例題4

$$S_n = \frac{1}{1 \cdot 5} + \frac{1}{5 \cdot 9} + \frac{1}{9 \cdot 13} + \cdots\cdots + \frac{1}{(4n-3)(4n+1)}$$

B

56 次の和 S_n を求めよ。

*(1) $S_n = \dfrac{1}{1+\sqrt{2}} + \dfrac{1}{\sqrt{2}+\sqrt{3}} + \dfrac{1}{\sqrt{3}+\sqrt{4}} + \cdots\cdots + \dfrac{1}{\sqrt{n}+\sqrt{n+1}}$

(2) $S_n = \dfrac{1}{\sqrt{3}+\sqrt{5}} + \dfrac{1}{\sqrt{5}+\sqrt{7}} + \dfrac{1}{\sqrt{7}+\sqrt{9}}$
$\qquad\qquad\qquad + \cdots\cdots + \dfrac{1}{\sqrt{2n+1}+\sqrt{2n+3}}$

57 次の和 S_n を求めよ。

(1) $S_n = 1 + \dfrac{1}{1+2} + \dfrac{1}{1+2+3} + \cdots\cdots + \dfrac{1}{1+2+3+\cdots\cdots+n}$

*(2) $S_n = \dfrac{1}{3^2-1} + \dfrac{1}{5^2-1} + \dfrac{1}{7^2-1} + \cdots\cdots + \dfrac{1}{(2n+1)^2-1}$

C

58 次の和 S_n を求めよ。　▶教 p.29 応用例題1

(1) $S_n = 2\cdot1 + 4\cdot3 + 6\cdot3^2 + 8\cdot3^3 + \cdots\cdots + 2n\cdot3^{n-1}$

(2) $S_n = 1 + \dfrac{4}{2} + \dfrac{7}{2^2} + \dfrac{10}{2^3} + \dfrac{13}{2^4} + \cdots\cdots + \dfrac{3n-2}{2^{n-1}}$

59 $x \neq 1$ のとき，次の和 S_n を求めよ。　▶教 p.29 応用例題1

(1) $S_n = 1 + 2x + 3x^2 + \cdots\cdots + nx^{n-1}$

(2) $S_n = 1 + 3x + 5x^2 + \cdots\cdots + (2n-1)x^{n-1}$

ヒント　56 分母を有理化する。

$\quad$57 (1) $\dfrac{1}{1+2+3+\cdots\cdots+n} = \dfrac{1}{\frac{n(n+1)}{2}} = \dfrac{2}{n(n+1)} = 2\left(\dfrac{1}{n} - \dfrac{1}{n+1}\right)$

$\qquad$(2) $\dfrac{1}{(2n+1)^2-1} = \dfrac{1}{4n^2+4n} = \dfrac{1}{4n(n+1)} = \dfrac{1}{4}\left(\dfrac{1}{n} - \dfrac{1}{n+1}\right)$

$\quad$59 S_n と xS_n の差を計算する。

---群に分けられた数列

例題 **7**

初項 2，公差 3 の等差数列 $\{a_n\}$ を，次のような群に分ける。ただし，第 m 群には m 個の数が入るものとする。　　　　　　　　　　　▶國 p.31 思考力✚

$$2 \mid 5, \ 8 \mid 11, \ 14, \ 17 \mid 20, \ 23, \ 26, \ 29 \mid 32, \ 35, \ \cdots\cdots$$

(1) 第 m 群の最初の項を求めよ。

(2) 第 m 群に含まれる数の総和 S を求めよ。

(3) 101 は第何群の何番目の数か。

考え方

(1) 第 m 群の最初の項までの項の個数を求める。

(2) 等差数列の和の公式を用いる。

(3) 101 が数列 $\{a_n\}$ の第何項かを考え，その項が第 m 群に入るものとして不等式をつくる。

解

(1) 数列 $\{a_n\}$ の一般項は　$a_n = 2 + (n-1) \times 3 = 3n - 1$

$m \geqq 2$ のとき，第 1 群から第 $(m-1)$ 群までの項の個数は

$$1 + 2 + 3 + \cdots\cdots + (m-1) = \frac{1}{2}m(m-1)$$

ゆえに，第 m 群の最初の項は，もとの数列の第 $\left\{\dfrac{1}{2}m(m-1) + 1\right\}$ 項である。

このことは $m = 1$ のときも成り立つ。

よって　$3 \times \left\{\dfrac{1}{2}m(m-1) + 1\right\} - 1 = \dfrac{1}{2}(3m^2 - 3m + 4)$　答

(2) 求める和 S は，初項 $\dfrac{1}{2}(3m^2 - 3m + 4)$，公差 3，項数 m の等差数列の和である。

よって　$S = \dfrac{1}{2}m\left\{2 \times \dfrac{1}{2}(3m^2 - 3m + 4) + (m-1) \times 3\right\} = \dfrac{1}{2}m(3m^2 + 1)$　答

(3) $3n - 1 = 101$ より $n = 34$ であるから，101 は数列 $\{a_n\}$ の第 34 項である。

第 34 項が第 m 群に入るとすると，第 1 群から第 m 群までの項の個数は $\dfrac{1}{2}m(m+1)$ より

$$\frac{1}{2}(m-1)m < 34 \leqq \frac{1}{2}m(m+1) \quad \text{すなわち} \quad (m-1)m < 68 \leqq m(m+1)$$

$7 \times 8 < 68 \leqq 8 \times 9$ より，この式を満たす m は　$m = 8$

よって，第 34 項は第 8 群に入る。第 1 群から第 7 群までの項の個数は

$\dfrac{1}{2} \times 7 \times 8 = 28$ であるから，$34 - 28 = 6$ より，101 は**第 8 群の 6 番目**の数。　答

---

60 初項 1，公差 4 の等差数列 $\{a_n\}$ を，次のような群に分ける。ただし，第 m 群には m 個の数が入るものとする。

$$1 \mid 5, \ 9 \mid 13, \ 17, \ 21 \mid 25, \ 29, \ 33, \ 37 \mid 41, \ 45, \ \cdots\cdots$$

(1) 第 m 群の最初の項を求めよ。

(2) 第 m 群に含まれる数の総和 S を求めよ。

(3) 201 は第何群の何番目の数か。

3節　漸化式と数学的帰納法

÷1　漸化式

■1 漸化式

▶國 p.32～p.36

数列 $\{a_n\}$ において，隣り合う項の間の関係式を数列 $\{a_n\}$ の**漸化式**という。

■2 漸化式と一般項

[1] $a_{n+1} = a_n + d$ → 公差 d の等差数列　$a_n = a_1 + (n-1)d$

[2] $a_{n+1} = ra_n$ → 公比 r の等比数列　$a_n = a_1 r^{n-1}$

[3] $a_{n+1} = a_n + b_n$ → $b_n = a_{n+1} - a_n$ より　$\{a_n\}$ の階差数列が $\{b_n\}$ であるから

$$n \geqq 2 \text{ のとき }\quad a_n = a_1 + \sum_{k=1}^{n-1} b_k$$

[4] $a_{n+1} = pa_n + q$ $(p \neq 0,\ p \neq 1)$ → $a_{n+1} - \alpha = p(a_n - \alpha)$ と変形して

$\quad a_n - \alpha = (a_1 - \alpha)p^{n-1}$ $\quad$(α は $\alpha = p\alpha + q$ の解)

注　以下の漸化式は，$n = 1,\ 2,\ 3,\ \cdots\cdots$ で成り立つものとする。

SPIRAL A

61 次の式で定められる数列 $\{a_n\}$ の第 2 項から第 5 項までを求めよ。

▶國 p.32 例1

(1) $a_1 = 2,\ a_{n+1} = a_n + 3$ $\qquad$ *(2) $a_1 = 3,\ a_{n+1} = -2a_n$

*(3) $a_1 = 4,\ a_{n+1} = 2a_n + 3$ $\qquad$ *(4) $a_1 = 1,\ a_{n+1} = na_n + n^2$

62 次の式で定められる数列 $\{a_n\}$ の一般項を求めよ。　▶國 p.33 練習2

*(1) $a_1 = 2,\ a_{n+1} = a_n + 6$ $\qquad$ (2) $a_1 = 15,\ a_{n+1} = a_n - 4$

*(3) $a_1 = 5,\ a_{n+1} = 3a_n$ $\qquad$ (4) $a_1 = 8,\ a_{n+1} = \dfrac{3}{2}a_n$

63 次の式で定められる数列 $\{a_n\}$ の一般項を求めよ。　▶國 p.33 例題1

*(1) $a_1 = 1,\ a_{n+1} = a_n + n + 1$ $\qquad$ (2) $a_1 = 3,\ a_{n+1} = a_n + 3n + 2$

(3) $a_1 = 1,\ a_{n+1} = a_n + n^2$ $\qquad$ *(4) $a_1 = 2,\ a_{n+1} = a_n + 3n^2 - n$

64 次の漸化式を，$a_{n+1} - \alpha = p(a_n - \alpha)$ の形に変形せよ。　▶國 p.34 例2

(1) $a_{n+1} = 2a_n - 1$ $\qquad$ *(2) $a_{n+1} = -3a_n - 8$

65 次の式で定められる数列 $\{a_n\}$ の一般項を求めよ。　▶國 p.35 例題2

*(1) $a_1 = 2,\ a_{n+1} = 4a_n - 3$ $\qquad$ (2) $a_1 = 3,\ a_{n+1} = 3a_n + 2$

(3) $a_1 = 3,\ a_{n+1} = 3a_n - 2$ $\qquad$ *(4) $a_1 = 5,\ a_{n+1} = 5a_n + 8$

*(5) $a_1 = 1,\ a_{n+1} = \dfrac{3}{4}a_n + 1$ $\qquad$ (6) $a_1 = 0,\ a_{n+1} = 1 - \dfrac{1}{2}a_n$

SPIRAL B

66 次の式で定められる数列 $\{a_n\}$ の一般項を求めよ。

*(1) $a_1 = -2,\ a_{n+1} = a_n + 3^n$ (2) $a_1 = 0,\ a_{n+1} - a_n = 2^n + n$

67 $a_1 = \dfrac{1}{3},\ a_{n+1} = \dfrac{a_n}{3a_n + 4}$ で定められる数列 $\{a_n\}$ について, 次の問いに答えよ。

▶國 p.42 章末6

(1) $b_n = \dfrac{1}{a_n}$ とおくとき, b_{n+1} と b_n の関係式を求めよ。

(2) 数列 $\{b_n\}$ の一般項を求め, これより数列 $\{a_n\}$ の一般項を求めよ。

SPIRAL C

数列の和と漸化式

例題 **8** 初項から第 n 項までの和 S_n が, $S_n = 5a_n - 4$ で与えられる数列 $\{a_n\}$ の一般項を求めよ。

考え方 $a_1 = S_1,\ a_{n+1} = S_{n+1} - S_n$ であることを用いて, 数列 $\{a_n\}$ の漸化式をつくる。

解 $a_1 = S_1$ であるから $a_1 = 5a_1 - 4$ よって $a_1 = 1$
また, $a_{n+1} = S_{n+1} - S_n$ であるから
$\quad a_{n+1} = (5a_{n+1} - 4) - (5a_n - 4) = 5a_{n+1} - 5a_n$
よって $a_{n+1} = \dfrac{5}{4}a_n$

したがって, 数列 $\{a_n\}$ は, 初項1, 公比 $\dfrac{5}{4}$ の等比数列であるから

$\quad a_n = 1 \cdot \left(\dfrac{5}{4}\right)^{n-1} = \left(\dfrac{5}{4}\right)^{n-1}$ 答

68 初項から第 n 項までの和 S_n が, $S_n = 2a_n + n$ で与えられる数列 $\{a_n\}$ の一般項を求めよ。

69 $a_1 = 1,\ a_{n+1} = 3a_n + 2^n$ で定められる数列 $\{a_n\}$ について, 次の問いに答えよ。

(1) $b_n = \dfrac{a_n}{3^n}$ とおくとき, b_{n+1} と b_n の関係式を求めよ。

(2) 数列 $\{b_n\}$ の一般項を求め, これより数列 $\{a_n\}$ の一般項を求めよ。

第1章
数列

70 平面上に，どの2本も平行ではなく，また，どの3本も同じ点で交わらないn本の直線がある。これらn本の直線の交点の総数をa_nとするとき，次の問いに答えよ。

(1) a_{n+1} を a_n で表せ。　　　　(2) a_n を求めよ。

71 次の式で定められる数列 $\{a_n\}$ の第3項から第5項までを求めよ。

(1) $a_1 = 3,\ a_2 = 5,\ a_{n+2} = a_{n+1} + 2a_n\ \ (n = 1,\ 2,\ 3,\ \cdots\cdots)$

(2) $a_1 = 1,\ a_2 = 2,\ a_{n+2} = 3a_{n+1} - 2a_n\ \ (n = 1,\ 2,\ 3,\ \cdots\cdots)$

隣接3項間の漸化式

例題 9

次の式で定められる数列 $\{a_n\}$ の一般項を求めよ。

$$a_1 = 3,\ a_2 = 7,\ a_{n+2} = -2a_{n+1} + 3a_n\ \ (n = 1,\ 2,\ 3,\ \cdots\cdots)$$

▶教 p.36思考力➕

考え方　与えられた漸化式を $a_{n+2} - a_{n+1} = -3(a_{n+1} - a_n)$ と変形して，$b_n = a_{n+1} - a_n$ とおくと，数列 $\{b_n\}$ は公比 -3 の等比数列であることがわかる。
$\{b_n\}$ は $\{a_n\}$ の階差数列であるから，$\{b_n\}$ の一般項から $\{a_n\}$ の一般項が求められる。

解　与えられた漸化式を変形すると
$$a_{n+2} - a_{n+1} = -3(a_{n+1} - a_n)$$
ここで，$b_n = a_{n+1} - a_n$ とおくと
$$b_{n+1} = -3b_n,\quad b_1 = a_2 - a_1 = 7 - 3 = 4$$
よって，数列 $\{b_n\}$ は，初項4，公比 -3 の等比数列であるから
$$b_n = 4 \cdot (-3)^{n-1}$$
数列 $\{b_n\}$ は，数列 $\{a_n\}$ の階差数列であるから，$n \geqq 2$ のとき
$$a_n = a_1 + \sum_{k=1}^{n-1} 4 \cdot (-3)^{k-1} = 3 + \frac{4\{1 - (-3)^{n-1}\}}{1 - (-3)} = 4 - (-3)^{n-1}$$
ここで，$a_n = 4 - (-3)^{n-1}$ に $n = 1$ を代入すると　$a_1 = 3$
となるから，この式は $n = 1$ のときも成り立つ。
よって，求める一般項は　$\boldsymbol{a_n = 4 - (-3)^{n-1}}$　答

注　一般に，$a_{n+2} = pa_{n+1} + qa_n$（ただし，$p + q = 1$）の形の漸化式は
$$a_{n+2} - a_{n+1} = -q(a_{n+1} - a_n)$$
と変形することができる。

72 次の式で定められる数列 $\{a_n\}$ の一般項を求めよ。
$$a_1 = 2,\ a_2 = 8,\ a_{n+2} = 4a_{n+1} - 3a_n\ \ (n = 1,\ 2,\ 3,\ \cdots\cdots)$$

ヒント　70 (1) $(n+1)$本目の直線を引くと，交点はn個増える。

⋮2　数学的帰納法

1 自然数の3乗の和

$$\sum_{k=1}^{n} k^3 = 1^3 + 2^3 + 3^3 + \cdots\cdots + n^3 = \left\{\frac{1}{2}n(n+1)\right\}^2$$

2 数学的帰納法

自然数 n に関する命題 P が，すべての自然数 n について成り立つことを証明するには，次の[I]，[II]を示せばよい。

[I]　$n = 1$ のとき，P が成り立つ。

[II]　$n = k$ のとき，P が成り立つと仮定すると，$n = k+1$ のときも P が成り立つ。

SPIRAL A

73 すべての自然数 n について，次の等式が成り立つことを，数学的帰納法を用いて証明せよ。

*(1)　$3 + 5 + 7 + \cdots\cdots + (2n+1) = n(n+2)$

(2)　$1 + 2 + 2^2 + \cdots\cdots + 2^{n-1} = 2^n - 1$

*(3)　$1\cdot3 + 2\cdot4 + 3\cdot5 + \cdots\cdots + n(n+2) = \dfrac{1}{6}n(n+1)(2n+7)$

74 すべての自然数 n について，$6^n - 1$ は5の倍数であることを，数学的帰納法を用いて証明せよ。

SPIRAL B

75 すべての自然数 n について，次の等式が成り立つことを，数学的帰納法を用いて証明せよ。

*(1)　$1^3 + 2^3 + 3^3 + \cdots\cdots + n^3 = \left\{\dfrac{1}{2}n(n+1)\right\}^2$

(2)　$1\cdot2\cdot3 + 2\cdot3\cdot4 + \cdots\cdots + n(n+1)(n+2) = \dfrac{1}{4}n(n+1)(n+2)(n+3)$

*(3)　$\dfrac{1}{1\cdot2} + \dfrac{1}{2\cdot3} + \dfrac{1}{3\cdot4} + \cdots\cdots + \dfrac{1}{n(n+1)} = \dfrac{n}{n+1}$

(4)　$\dfrac{1}{2} + \dfrac{2}{2^2} + \dfrac{3}{2^3} + \cdots\cdots + \dfrac{n}{2^n} = 2 - \dfrac{n+2}{2^n}$

76 次の不等式が成り立つことを，数学的帰納法を用いて証明せよ。

(1)　n が自然数のとき　$4^n > 6n - 3$

*(2)　n が5以上の自然数のとき　$2^n > n^2$

77 n が2以上の自然数のとき，不等式 $\dfrac{1}{1^2} + \dfrac{1}{2^2} + \dfrac{1}{3^2} + \cdots\cdots + \dfrac{1}{n^2} < 2 - \dfrac{1}{n}$ が成り立つことを，数学的帰納法を用いて証明せよ。

SPIRAL C

78 すべての自然数 n について，$2^{3n} - 7n - 1$ は49の倍数であることを，数学的帰納法を用いて証明せよ。

漸化式と数学的帰納法

例題 10 $a_1 = 0$, $a_{n+1} = \dfrac{1}{2 - a_n}$ $(n = 1, 2, 3, \cdots\cdots)$ で定められる数列 $\{a_n\}$ について，次の問いに答えよ。　▶教p.43章末12

(1) a_2, a_3, a_4 を求めよ。また，一般項 a_n を推定せよ。

(2) 推定した一般項が正しいことを，数学的帰納法を用いて証明せよ。

解 (1) $a_2 = \dfrac{1}{2 - a_1} = \dfrac{1}{2 - 0} = \dfrac{1}{2}$, $\quad a_3 = \dfrac{1}{2 - a_2} = \dfrac{1}{2 - \frac{1}{2}} = \dfrac{2}{3}$,

$a_4 = \dfrac{1}{2 - a_3} = \dfrac{1}{2 - \frac{2}{3}} = \dfrac{3}{4}$ 答

よって，一般項 a_n は $a_n = \dfrac{n-1}{n}$ と推定できる。 答

証明 (2) $a_n = \dfrac{n-1}{n}$ ……① とおく。

[I] $n = 1$ のとき，$a_1 = \dfrac{1-1}{1} = 0$　　よって，$n = 1$ のとき，①は成り立つ。

[II] $n = k$ のとき，①が成り立つと仮定すると　$a_k = \dfrac{k-1}{k}$

このとき $a_{k+1} = \dfrac{1}{2 - a_k} = \dfrac{1}{2 - \frac{k-1}{k}} = \dfrac{k}{2k - (k-1)} = \dfrac{k}{k+1}$

$= \dfrac{(k+1) - 1}{k+1}$

よって，$n = k+1$ のときも①は成り立つ。

[I], [II]から，すべての自然数 n について①が成り立つ。

ゆえに，推定した一般項は正しい。 終

79 $a_1 = 1$, $a_{n+1} = \dfrac{4 - a_n}{3 - a_n}$ $(n = 1, 2, 3, \cdots\cdots)$ で定められる数列 $\{a_n\}$ について，次の問いに答えよ。

(1) a_2, a_3, a_4 を求めよ。また，一般項 a_n を推定せよ。

(2) 推定した一般項が正しいことを，数学的帰納法を用いて証明せよ。

1節 確率分布

❖復習 確率とデータの分析

■1 確率

全事象 U の根元事象が同様に確からしいとき，事象 A の起こる確率 $P(A)$ は

$$P(A) = \frac{n(A)}{n(U)} = \frac{\text{事象 } A \text{ の起こる場合の数}}{\text{起こり得るすべての場合の数}}$$

■2 確率の基本性質

[1] 任意の事象 A について $0 \leqq P(A) \leqq 1$

[2] 全事象 U，空事象 $\varnothing$ について $P(U) = 1,\ P(\varnothing) = 0$

[3] A と B が互いに排反であるとき $P(A \cup B) = P(A) + P(B)$

[4] 和事象の確率 $P(A \cup B) = P(A) + P(B) - P(A \cap B)$

[5] 余事象の確率 $P(\overline{A}) = 1 - P(A)$

■3 反復試行の確率

1回の試行において，事象 A の起こる確率を p とする。この試行を n 回くり返す反復試行で，事象 A がちょうど r 回起こる確率は

$${}_n C_r\, p^r (1-p)^{n-r}$$

■4 データの分析

大きさが n のデータ $x_1,\ x_2,\ \cdots\cdots,\ x_n$ について

平均値 $\overline{x} = \dfrac{1}{n}(x_1 + x_2 + \cdots\cdots + x_n) = \dfrac{1}{n}\displaystyle\sum_{k=1}^{n} x_k$

分散 $s^2 = \dfrac{1}{n}\{(x_1 - \overline{x})^2 + (x_2 - \overline{x})^2 + \cdots\cdots + (x_n - \overline{x})^2\} = \dfrac{1}{n}\displaystyle\sum_{k=1}^{n}(x_k - \overline{x})^2$

標準偏差 $s = \sqrt{s^2}$

SPIRAL A

*80 赤球3個，白球4個が入っている袋から，3個の球を同時に取り出すとき，赤球2個，白球1個を取り出す確率を求めよ。

81 100円硬貨を続けて5回投げるとき，次の確率を求めよ。

(1) 表が3回だけ出る確率

*(2) 表の出る回数が3回以上である確率

(3) 少なくとも2回表が出る確率

82 次のデータについて，平均値 $\overline{x}$，分散 s^2，標準偏差 s をそれぞれ求めよ。

4, 2, 4, 6, 10, 8, 0, 8, 6, 2

÷1 確率変数と確率分布

▶國 p.46〜p.47

1 確率変数と確率分布

確率変数 1つの試行の結果によって値が定まり，それぞれの値に対応して確率が定まるような変数

$\begin{cases} P(X = a) & \text{確率変数 } X \text{ の値が } a \text{ となる確率} \\ P(a \leqq X \leqq b) & \text{確率変数 } X \text{ の値が } a \text{ 以上 } b \text{ 以下となる確率} \end{cases}$

確率分布 確率変数 X のとり得る値とその値をとる確率との対応関係

右の表のような確率分布について
[1] $p_1 \geqq 0, \ p_2 \geqq 0, \ p_3 \geqq 0, \ \cdots\cdots, \ p_n \geqq 0$
[2] $p_1 + p_2 + p_3 + \cdots\cdots + p_n = 1$

X	x_1	x_2	x_3	$\cdots\cdots$	x_n	計
P	p_1	p_2	p_3	$\cdots\cdots$	p_n	1

SPIRAL A

83 1, 2, 3, 4 の数字が書かれたカードが，それぞれ1枚，2枚，3枚，4枚ある。この10枚のカードの中から1枚引くとき，そこに書かれた数を X とする。X の確率分布を求めよ。 ▶國 p.46

84 1枚の硬貨を続けて4回投げるとき，表の出る回数 X の確率分布を求めよ。 ▶國 p.46

*85 赤球3個と白球2個が入っている袋から，2個の球を同時に取り出すとき，その中に含まれる赤球の個数 X の確率分布と確率 $P(0 \leqq X \leqq 1)$ を求めよ。 ▶國 p.47 例1

86 1から9までの数字が1つずつ書かれたカードが9枚ある。ここから3枚のカードを同時に引くとき，その中に含まれる偶数が書かれたカードの枚数 X の確率分布と確率 $P(X \geqq 2)$ を求めよ。 ▶國 p.47 例1

SPIRAL B

87 2個のさいころを同時に投げるとき，出る目の差の絶対値 X の確率分布と確率 $P(0 \leqq X \leqq 2)$ を求めよ。

88 1個のさいころを続けて3回投げるとき，出る目の最大値 X の確率分布と確率 $P(3 \leqq X \leqq 5)$ を求めよ。

ヒント 88 出る目の最大値が k である確率は，出る目の最大値が k 以下である確率から，$(k-1)$ 以下である確率を引けばよい。

◆2 確率変数の期待値と分散(1)

▶數 p.48〜p.51

1 確率変数の期待値 (平均)

確率変数 X の確率分布が右の表のように与え
られたとき

X	x_1	x_2	x_3	……	x_n	計
P	p_1	p_2	p_3	……	p_n	1

$$E(X) = \sum_{k=1}^{n} x_k p_k = x_1 p_1 + x_2 p_2 + x_3 p_3 + \cdots\cdots + x_n p_n$$

を，確率変数 **X の期待値** (平均)という。

2 $aX + b$ の期待値

a, b を定数とするとき　　$E(aX + b) = aE(X) + b$

SPIRAL A

89　5枚の硬貨を同時に投げるとき，表の出る枚数を X とする。このとき，確率変数 X の期待値 $E(X)$ を求めよ。　　　　　　　　　　　　▶數 p.48 例2

*90　赤球3個と白球2個が入っている袋から2個の球を同時に取り出すとき，取り出された赤球の個数を X とする。このとき，確率変数 X の期待値 $E(X)$ を求めよ。　　　　　　　　　　　　　　　　　　　▶數 p.48 例2

91　赤球4個と白球3個が入っている袋から2個の球を同時に取り出すとき，取り出された赤球の数が2個ならば25点，赤球の数が1個ならば5点，赤球が1個もないならば0点とする。このとき，得点の期待値を求めよ。
　　　　　　　　　　　　　　　　　　　　　　　　　　▶數 p.49 例題1

92　1から5までの数字が1つずつ書かれた5枚のカードから2枚のカードを同時に引き，カードの数の大きい方の値を X とする。このとき，確率変数 X の期待値 $E(X)$ を求めよ。　　　　　　　　　　　▶數 p.49 例題1

93　1個のさいころを投げるとき，出る目の数を X とする。このとき，次の確率変数の期待値を求めよ。　　　　　　　　　　　　　　　▶數 p.51 例3
　(1)　$X + 4$　　　　(2)　$-X$　　　　(3)　$5X - 1$　　　(4)　$12 - 2X$

94　3枚の硬貨を同時に投げて，表の出る枚数の2乗を得点とするゲームがある。このゲームを1回行ったときの得点の期待値を求めよ。　▶數 p.51 例4

*95　1 個のさいころを続けて 3 回投げるとき，2 以下の目が出る回数を X とする。このとき，次の問いに答えよ。　　　　　　　　　　　　　　▶國p.51

(1)　確率変数 X の期待値 $E(X)$ を求めよ。

(2)　X の 3 倍から 2 を引いた数 $3X - 2$ の期待値を求めよ。

SPIRAL B

*96　1 個のさいころを投げて，3 以上の目が出れば 10 点，2 以下の目が出れば 0 点とする。このとき，さいころを続けて 3 回投げて得られる得点の期待値を求めよ。

97　4 枚の硬貨を同時に投げて，表の出た枚数によって数直線上を動く点 P がある。点 P は，座標 3 の点を出発し，表の出た枚数の 2 倍だけ正の方向に進む。4 枚の硬貨を同時に 1 回投げたときの点 P の座標 Y の期待値 $E(Y)$ を求めよ。

───────確率変数の期待値

例題
11
1 から 5 までの数字が 1 つずつ書かれた 5 枚のカードから同時に 2 枚のカードを取り出すとき，カードの数の大きい方から小さい方を引いた値 X の期待値 $E(X)$ を求めよ。

解　2 枚のカードの数の大きい方から小さい方を引いた値 X のとり得る値は
$$X = 1,\ 2,\ 3,\ 4$$
である。5 枚のカードから 2 枚のカードを取り出す方法は $_5C_2 = 10$（通り）であり，$X = k\ (k = 1,\ 2,\ 3,\ 4)$ となるのは $5 - k$（通り）である。

よって　$P(X = k) = \dfrac{5 - k}{10}$

であるから，X の確率分布は右の表のようになる。

X	1	2	3	4	計
P	$\dfrac{4}{10}$	$\dfrac{3}{10}$	$\dfrac{2}{10}$	$\dfrac{1}{10}$	1

ゆえに　$E(X) = 1 \cdot \dfrac{4}{10} + 2 \cdot \dfrac{3}{10} + 3 \cdot \dfrac{2}{10} + 4 \cdot \dfrac{1}{10} = \dfrac{20}{10} = \mathbf{2}$ 答

98　2 個のさいころを同時に投げるとき，大きい方の目の数を X とする。このとき，確率変数 X の期待値 $E(X)$ を求めよ。ただし，同じ目のときはその目の数を X の値とする。

99　箱 A には 8 個，箱 B には 4 個の球が入っている。いま，1 枚の硬貨を投げて，表が出れば箱 A から箱 B に球を 2 個移し，裏が出れば箱 B から箱 A に球を 1 個移す。硬貨を 4 回投げるとき，箱 A に残る球の個数の期待値を求めよ。

∴2　確率変数の期待値と分散(2)

▶教 p.52〜p.57

1 確率変数の分散と標準偏差

分散　$V(X) = E((X-m)^2) = \sum_{k=1}^{n}(x_k - m)^2 p_k$　　ただし，$m = E(X)$

$V(X) = E(X^2) - \{E(X)\}^2$

標準偏差　$\sigma(X) = \sqrt{V(X)}$

2 $aX+b$ の分散と標準偏差

a, b を定数とするとき　　$V(aX+b) = a^2 V(X),\ \sigma(aX+b) = |a|\sigma(X)$

SPIRAL A

100 次の問いに答えよ。　　　　　　　　　　　　　　　▶教 p.53 例5, p.54 例6

(1) X の確率分布が，右の表で与えられている
とき，X の期待値 $E(X)$，分散 $V(X)$，標
準偏差 $\sigma(X)$ を求めよ。

X	-2	-1	1	2	計
P	$\frac{1}{6}$	$\frac{2}{6}$	$\frac{2}{6}$	$\frac{1}{6}$	1

(2) 4枚の硬貨を同時に投げるとき，表の出る枚数を X とする。X の期
待値 $E(X)$，分散 $V(X)$，標準偏差 $\sigma(X)$ を求めよ。

*101 赤球3個，白球4個が入っている箱から2個の球を同時に取り出すとき，
取り出された赤球の個数を X とする。確率変数 X の標準偏差 $\sigma(X)$ を求
めよ。　　　　　　　　　　　　　　　　　　　　　　　▶教 p.55 例題2

102 確率変数 X の期待値が4，分散が2であるとき，次の確率変数の期待値，
分散，標準偏差を求めよ。　　　　　　　　　　　　　　　▶教 p.56 例7

*(1)　$3X+1$　　　　　　(2)　$-X$　　　　　　(3)　$-6X+5$

103 赤球3個，白球2個が入っている箱から2個の球を同時に取り出すゲーム
がある。参加するのに500点を失い，取り出した赤球1個につき500点が
得られる。取り出した2個に含まれる赤球の個数を X，得点を Y とする
とき，X と Y の期待値と標準偏差をそれぞれ求めよ。　▶教 p.57 例題3

SPIRAL B

*104 赤球2個，白球1個が入っている箱から1個の球を取り出し，色を調べて
もとにもどす。これを3回くり返すとき，赤球が出た回数を X とする。
このとき，確率変数 X の期待値 $E(X)$ と標準偏差 $\sigma(X)$ を求めよ。

105 赤球6個，白球3個が入っている袋から3個の球を同時に取り出し，その
中に含まれている赤球の個数を X とする。このとき，確率変数 X の期待
値 $E(X)$ と標準偏差 $\sigma(X)$ を求めよ。

*106 確率変数 X の期待値を m，標準偏差を σ とするとき，次の確率変数の期
待値と標準偏差を求めよ。

(1) 確率変数 $Z = \dfrac{X-m}{\sigma}$ (2) 確率変数 $T = 10 \times \dfrac{X-m}{\sigma} + 50$

107 ある確率変数 X に対して，確率変数 Y を，$Y = 2X - 5$ と定めると，Y
の平均が0，標準偏差が1となった。もとの確率変数 X の期待値 $E(X)$ と
分散 $V(X)$ を求めよ。

108 ある確率変数 X の確率分布が右の表で与
えられている。$P(X \leqq 3) = 0.25$ である
とき，次の値を求めよ。

X	1	2	3	4	5	計
P	a	$\frac{2}{24}$	$\frac{3}{24}$	b	$\frac{6}{24}$	1

(1) a, b (2) $P(2 \leqq X \leqq 4)$ (3) X の期待値 $E(X)$ と分散 $V(X)$

SPIRAL C

109 4枚の封筒と4枚のカードがあり，それぞれ1，2，3，4の数字が書かれて
いる。このカードを1枚ずつ封筒に入れるとき，カードの数字とそれを入
れた封筒の数字が一致する枚数 X の期待値 $E(X)$ と分散 $V(X)$ を求めよ。

110 6の面を1に，5の面を2に，4の面を3に直した2個のさいころを同時
に投げるとき，次の問いに答えよ。
(1) 出る目の最大値が k 以下である確率を求めよ。
(2) 出る目の最大値が k である確率を求めよ。
(3) 出る目の最大値を X として，X の期待値 $E(X)$ と標準偏差 $\sigma(X)$ を
求めよ。

∵3　確率変数の和と積

▶敎 p.58～p.62

1 確率変数の和の期待値
確率変数 X, Yについて　$E(X+Y) = E(X) + E(Y)$

2 独立な確率変数
$$P(X=a,\ Y=b) = P(X=a) \cdot P(Y=b)$$
がどのような a, bの組に対しても成り立つとき，Xと Yは互いに**独立**であるという。
このとき
積の期待値　$E(XY) = E(X) \cdot E(Y)$
和の分散　　$V(X+Y) = V(X) + V(Y)$

SPIRAL A

*111　1個のさいころを投げるとき，出る目の期待値は $\dfrac{7}{2}$ である。このことを用いて，次の問いに答えよ。 ▶敎 p.59例8, p.61例10
　(1)　4個のさいころを同時に投げるとき，出る目の和の期待値を求めよ。
　(2)　3個のさいころを同時に投げるとき，出る目の積の期待値を求めよ。

112　1個のさいころを投げ，得点 Xは出る目が奇数ならば0点，偶数ならば2点とし，得点 Yは出る目が3の倍数ならば3点，3の倍数でなければ0点とする。このとき，X, Yが互いに独立か調べよ。 ▶敎 p.60例9

113　1枚の硬貨を投げるとき，表の出る枚数の期待値は $\dfrac{1}{2}$ 枚，分散は $\dfrac{1}{4}$ である。このことを用いて，3枚の硬貨を同時に投げるとき，表の出る枚数の期待値と分散を求めよ。 ▶敎 p.59例8, p.62例11

SPIRAL B

114　赤球3個，白球2個が入っている袋 A から3個の球を同時に取り出し，赤球2個，白球3個が入っている袋 B から2個の球を同時に取り出すとき，この5個の中に含まれる赤球の個数の期待値と分散を求めよ。

115　箱 A には，1, 3, 5, 7, 9の数字を書いた球，箱 B には，2, 4, 6, 8の数字を書いた球がそれぞれ1個ずつ入っている。箱 A と箱 B から球を1個ずつ取り出すとき，2個の球に書かれた数の積の期待値を求めよ。

SPIRAL **C**

独立な確率変数の和

例題
12

2 つの互いに独立な確率変数 X, Y のとる値に対応する確率の一部が，右の表で与えられている。

このとき，次の問いに答えよ。　▶教 p.97 章末1

(1) $P(Y = 4)$ を求めよ。

(2) $P(X = 1)$, $P(Y = 2)$ を求めよ。

(3) 右の表の空欄をうめよ。

(4) $X + Y$ の期待値 $E(X + Y)$ と分散 $V(X + Y)$ を求めよ。

Y＼X	2	4	計
1			
3		$\frac{1}{9}$	$\frac{1}{6}$
計			1

解

(1) X, Y は互いに独立であるから，$P(X = 3,\ Y = 4) = P(X = 3) \cdot P(Y = 4)$

　　よって $\frac{1}{9} = \frac{1}{6} \cdot P(Y = 4)$ より　$P(Y = 4) = \frac{2}{3}$ 答

(2) $P(X = 1) = 1 - \frac{1}{6} = \frac{5}{6}$, $P(Y = 2) = 1 - \frac{2}{3} = \frac{1}{3}$ 答

(3) (1), (2)より　$P(X = 1,\ Y = 4) = \frac{2}{3} - \frac{1}{9} = \frac{5}{9}$

　　　　　　　　　$P(X = 1,\ Y = 2) = \frac{5}{6} - \frac{5}{9} = \frac{5}{18}$

　　　　　　　　　$P(X = 3,\ Y = 2) = \frac{1}{6} - \frac{1}{9} = \frac{1}{18}$

　　よって，右の表のようになる。

Y＼X	2	4	計
1	$\frac{5}{18}$	$\frac{5}{9}$	$\frac{5}{6}$
3	$\frac{1}{18}$	$\frac{1}{9}$	$\frac{1}{6}$
計	$\frac{1}{3}$	$\frac{2}{3}$	1

答

(4) $E(X) = 1 \cdot \frac{5}{6} + 3 \cdot \frac{1}{6} = \frac{4}{3}$, $E(X^2) = 1^2 \cdot \frac{5}{6} + 3^2 \cdot \frac{1}{6} = \frac{7}{3}$ より

　　$V(X) = E(X^2) - \{E(X)\}^2 = \frac{7}{3} - \left(\frac{4}{3}\right)^2 = \frac{5}{9}$

　　$E(Y) = 2 \cdot \frac{1}{3} + 4 \cdot \frac{2}{3} = \frac{10}{3}$, $E(Y^2) = 2^2 \cdot \frac{1}{3} + 4^2 \cdot \frac{2}{3} = 12$ より

　　$V(Y) = E(Y^2) - \{E(Y)\}^2 = 12 - \left(\frac{10}{3}\right)^2 = \frac{8}{9}$

　　よって　$E(X + Y) = E(X) + E(Y) = \frac{4}{3} + \frac{10}{3} = \frac{14}{3}$ 答

　　X, Y は互いに独立であるから，$V(X + Y) = V(X) + V(Y) = \frac{5}{9} + \frac{8}{9} = \frac{13}{9}$ 答

116 2 つの互いに独立な確率変数 X, Y のとる値に対応する確率の一部が，右の表で与えられている。

このとき，次の問いに答えよ。

(1) $P(X = 3)$ を求めよ。

(2) $P(X = 1)$, $P(Y = 3)$ を求めよ。

(3) 右の表の空欄をうめよ。

(4) $X + Y$ の期待値 $E(X + Y)$ と分散 $V(X + Y)$ を求めよ。

Y＼X	1	3	計
1			
3	$\frac{3}{10}$		
計	$\frac{3}{4}$		1

第2章　確率分布と統計的な推測

2節　二項分布と正規分布

∴1　二項分布

▶數 p.64〜p.67

❶ 二項分布

確率変数 X が二項分布 $B(n, p)$ に従うとき，$q = 1 - p$ とすると
$$P(X = r) = {}_nC_r p^r q^{n-r} \quad (r = 0, 1, 2, \cdots\cdots, n)$$

❷ 二項分布の期待値と分散・標準偏差

確率変数 X が二項分布 $B(n, p)$ に従うとき，$q = 1 - p$ とすると

期待値　　$E(X) = np$

分散　　　$V(X) = npq$

標準偏差　$\sigma(X) = \sqrt{V(X)} = \sqrt{npq}$

SPIRAL A

117 1個のさいころを続けて 9 回投げるとき，1 の目が出る回数 X は二項分布 $B(n, p)$ に従う。このとき，n と p の値を求めよ。　　　　　▶數 p.65 例1

*118 確率変数 X が二項分布 $B\left(6, \dfrac{1}{3}\right)$ に従うとき，次の確率を求めよ。

▶數 p.64

(1)　$P(X = 1)$　　　　　　　　　　(2)　$P(X = 3)$

*119 1枚の硬貨を続けて 10 回投げるとき，表が出る回数を X とする。次の確率を求めよ。　　　　　　　　　　　　　　　　　　　　　　　　　　▶數 p.65 例題1

(1)　$P(X = 8)$　　　　　　　　　　(2)　$P(3 \leqq X \leqq 5)$

*120 1個のさいころを 300 回投げるとき，2 以下の目の出る回数 X の期待値，分散，標準偏差を求めよ。　　　　　　　　　　　　　　　　　　　▶數 p.67 例2

121 ある製品を製造するとき，不良品が生じる確率は 0.01 であるという。この製品を 1000 個製造するとき，その中に含まれる不良品の個数 X の期待値，分散，標準偏差を求めよ。　　　　　　　　　　　　　　　　　　▶數 p.67 例題2

*122 ある菓子には当たりくじがついており，当たる確率は $\dfrac{1}{25}$ であるという。

この菓子を 150 個買うとき，当たる個数 X の期待値，分散，標準偏差を求めよ。　　　　　　　　　　　　　　　　　　　　　　　　　　　　▶數 p.67 例題2

SPIRAL **B**

──二項分布の期待値と標準偏差

例題 13

1個のさいころを投げて，3以上の目が出れば2点を得るが，2以下の目が出れば4点を失うゲームを90回行う。このとき，合計点の期待値と標準偏差を求めよ。

解　3以上の目が出る回数を X，合計点を Y とすると，2以下の目が出る回数は $90-X$ であるから

$$Y = 2X - 4(90-X) = 6X - 360$$

X は二項分布 $B\left(90, \dfrac{2}{3}\right)$ に従うから

$$E(X) = 90 \times \frac{2}{3} = 60, \ \sigma(X) = \sqrt{90 \times \frac{2}{3} \times \left(1 - \frac{2}{3}\right)} = 2\sqrt{5}$$

よって

$$E(Y) = E(6X - 360) = 6E(X) - 360 = 6 \cdot 60 - 360 = 0$$
$$\sigma(Y) = \sigma(6X - 360) = |6|\sigma(X) = 6 \cdot 2\sqrt{5} = 12\sqrt{5}$$

したがって，合計点の期待値は **0点**，標準偏差は **$12\sqrt{5}$ 点**　答

123　2個のさいころを同時に投げて，同じ目が出れば20点を得るが，異なる目が出れば2点を失うゲームを15回行う。このとき，合計点の期待値と標準偏差を求めよ。

124　袋の中に赤球 a 個と白球 $(100-a)$ 個の合計100個の球が入っている。この袋の中から1個の球を取り出して色を調べてもとにもどす。これを n 回くり返すとき，取り出した赤球の総数を X とする。X の期待値が $\dfrac{16}{5}$，分散が $\dfrac{64}{25}$ であるとき，赤球の個数 a と球を取り出す回数 n を求めよ。

*125　1枚の硬貨を投げて，その表，裏によって数直線上を動く点Pがある。点Pは原点を出発し，表が出たら $+2$，裏が出たら -1 だけ動く。硬貨を20回投げたとき，点Pの座標 X の期待値 $E(X)$ と標準偏差 $\sigma(X)$ を求めよ。

126　総数が20本のくじから1本を引いて，その結果を記録した後もとにもどすことを100回くり返す。このとき，当たりくじを引く回数の分散を24以上にするには，当たりくじを何本にしたらよいか，その本数 n の値の範囲を求めよ。

◦2 　正規分布

1 連続型確率変数

▶教p.68〜p.76

連続型確率変数 X $(\alpha \leq X \leq \beta)$ の確率密度関数を $y = f(x)$ とすると

$$P(a \leq X \leq b) = \int_a^b f(x)\,dx \qquad (\alpha \leq a \leq b \leq \beta)$$

$$E(X) = \int_\alpha^\beta x f(x)\,dx, \qquad V(X) = \int_\alpha^\beta (x - m)^2 f(x)\,dx$$

ただし，$P(\alpha \leq X \leq \beta) = \int_\alpha^\beta f(x)\,dx = 1$

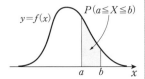

2 正規分布

確率変数 X の確率密度関数 $f(x)$ が $f(x) = \dfrac{1}{\sqrt{2\pi}\,\sigma} e^{-\frac{(x-m)^2}{2\sigma^2}}$ のとき，X は正規分布 $N(m,\ \sigma^2)$ に従うという。このとき

(1) 期待値 $E(X) = m$，　　分散 $V(X) = \sigma^2$，　　標準偏差 $\sigma(X) = \sqrt{V(X)} = \sigma$

(2) $Z = \dfrac{X - m}{\sigma}$ とおくと，確率変数 Z は標準正規分布 $N(0,\ 1)$ に従う。

3 二項分布の正規分布による近似

(1) 二項分布 $B(n,\ p)$ に従う確率変数 X は，n が大きいとき，近似的に正規分布 $N(np,\ npq)$ に従う。ただし，$q = 1 - p$

(2) 二項分布 $B(n,\ p)$ に従う確率変数 X に対し，$Z = \dfrac{X - np}{\sqrt{npq}}$ とおくと，n が大きいとき，Z は近似的に標準正規分布 $N(0,\ 1)$ に従う。ただし，$q = 1 - p$

注　正規分布表は，巻末を参照のこと。

SPIRAL A

*127 確率変数 X の確率密度関数が $f(x) = -\dfrac{1}{2}x + 1$ $(0 \leq x \leq 2)$ で表されるとき，次の確率を求めよ。 ▶教p.69例3

(1) $P(0 \leq X \leq 1)$ 　　　　　(2) $P(1 \leq X \leq 2)$

128 確率変数 Z が標準正規分布 $N(0,\ 1)$ に従うとき，次の確率を求めよ。

▶教p.71例4

(1) $P(0 \leq Z \leq 1.45)$ 　(2) $P(-1 \leq Z \leq 2)$ 　(3) $P(Z \geq 1.5)$

*129 確率変数 X が正規分布 $N(50,\ 10^2)$ に従うとき，次の確率を求めよ。

▶教p.72例題3

(1) $P(45 \leq X \leq 55)$ 　(2) $P(X \leq 55)$ 　(3) $P(X \geq 65)$

130 確率変数 X が次の正規分布に従うとき，$P(X \geqq 70)$ を求めよ。

▶教 p.72 例題3

(1) $N(60,\ 10^2)$　　　　　　　*(2) $N(55,\ 20^2)$

***131** 1個のさいころを 720 回投げるとき，1 の目が 150 回以上出る確率を求めよ。

▶教 p.76 例題4

132 1枚の硬貨を 1600 回投げるとき，表の出る回数が 780 回以上 840 回以下となる確率を求めよ。

▶教 p.76 例題4

SPIRAL B

***133** ある動物の個体の体長を調べたところ，平均値 50 cm，標準偏差 2 cm であった。体長の分布を正規分布とみなすとき，この中に体長が 47 cm 以上 55 cm 以下のものはおよそ何 % いるか。小数第 1 位を四捨五入して求めよ。

▶教 p.73 応用例題1

134 ある工場で生産される飲料の重さを調べたところ，平均値 203 g，標準偏差 1 g であった。重さの分布を正規分布とみなすとき，重さ 200 g 以下の缶が生産される確率を求めよ。

▶教 p.73 応用例題1

135 硬貨 3 枚を同時に投げる試行を 960 回行ったとき，1 枚だけ表が出る回数を X とする。
(1) X の期待値 $E(X)$ と標準偏差 $\sigma(X)$ を求めよ。
(2) 確率 $P(X \geqq 375)$ を求めよ。

136 確率変数 X が正規分布 $N(50,\ 10^2)$ に従うとき，$P(X \geqq k) = 0.025$ が成り立つような定数 k の値を求めよ。

137 1枚の硬貨を 400 回投げるとき，表の出る枚数を X とする。X の確率分布を正規分布で近似して，次の問いに答えよ。
(1) $P(190 \leqq X \leqq 210)$ を求めよ。
(2) $P(X \leqq k) \fallingdotseq 0.1$ となる整数 k の値を求めよ。

SPIRAL C

正規分布の応用

例題 14

ある資格試験における受験者全体の成績の結果は，平均値 61.3 点，標準偏差 15 点であった。得点の分布を正規分布とみなすとき，次の問いに答えよ。

(1) 得点が 54.7 点以上の受験者は，受験者全体のおよそ何％いるか。

(2) 得点が 54.7 点以上の受験者が 396 人いたとき，受験者の総数はおよそ何人か。

(3) 得点が 70 点以上であれば，この資格が取得できる。(2)のとき，資格取得者はおよそ何人いるか。

考え方　得点を X 点とすると，X は正規分布 $N(61.3, \ 15^2)$ に従う。

解　(1)　得点を X 点とすると，X は正規分布 $N(61.3, \ 15^2)$ に従う。

$Z = \dfrac{X - 61.3}{15}$ とおくと，Z は標準正規分布 $N(0, \ 1)$ に従う。

$X = 54.7$ のとき，$Z = \dfrac{54.7 - 61.3}{15} = -0.44$ であるから

$$P(54.7 \leqq X) = P(-0.44 \leqq Z)$$
$$= P(0 \leqq Z) + P(0 \leqq Z \leqq 0.44)$$
$$= 0.5 + 0.1700 = 0.6700$$

よって，得点が 54.7 点以上の受験者は，受験者全体の**およそ 67％**である。　答

(2)　受験者の総数を n 人とすると，(1)より

$0.6700n = 396$ であるから　$n = 591.0\cdots$

よって，受験者の総数は，**およそ 591 人**である。　答

(3)　$X = 70$ のとき，$Z = \dfrac{70 - 61.3}{15} = 0.58$ であるから

$$P(70 \leqq X) = P(0.58 \leqq Z)$$
$$= P(0 \leqq Z) - P(0 \leqq Z \leqq 0.58)$$
$$= 0.5 - 0.2190 = 0.2810$$

ゆえに，(2)より　$591 \times 0.2810 = 166.071$

よって，資格取得者は，**およそ 166 人**いる。　答

138 ある高校の 2 年生男子全体の身長を調べたところ，平均値 170 cm，標準偏差 5 cm であった。身長の分布を正規分布とみなすとき，次の問いに答えよ。

(1) 身長が 179.8 cm 以上の生徒は，2 年生男子全体のおよそ何％いるか。

(2) 身長が 179.8 cm 以上の生徒が 6 人いたとき，2 年生男子の総数はおよそ何人か。

(3) (2)のとき，身長が 163.1 cm 以下の 2 年生男子はおよそ何人いるか。

3節　統計的な推測

❖1　母集団と標本

▶國 p.78〜p.80

１ 統計調査
　全数調査　集団の全部について調べる調査
　標本調査　集団の中の一部を調べて全体を推測する調査

２ 母集団
　標本調査において，調査の対象となる集団全体を**母集団**といい，母集団に属する個々の対象を**個体**という。

標本	母集団から取り出された個体の集まり
母集団の大きさ	個体の総数
標本の大きさ	標本に含まれる個体の総数
抽出	標本を取り出すこと
復元抽出	1個取り出すたびにもとにもどし，あらためて取り出す。
非復元抽出	取り出したものはもとにもどさないで1個ずつ取り出す。
	または，一度に n 個取り出す。

３ 母集団分布
　母集団の性質をその母集団の特性といい，数量的に表される特性を**変量**という。

母集団分布	変量 X の確率分布
母平均	変量 X の期待値
母分散	変量 X の分散
母標準偏差	変量 X の標準偏差

SPIRAL A

139 次の調査には，全数調査，標本調査のいずれが適しているか答えよ。

▶國 p.78 例1

　(1)　学校で行う健康診断調査　　　(2)　ある湖の水質調査

140 1から9までの数字が1つずつ書かれた9枚のカードを母集団とする。ここから大きさ3の標本を無作為抽出するとき，次の場合について標本の選び方は何通りあるか。

▶國 p.79 例2

　(1)　復元抽出
　(2)　非復元抽出で抽出した順序を区別する
　(3)　一度に3枚抽出する非復元抽出

141 1から9までの数字が1つずつ書かれた9枚のカードがある。9枚のカードから1枚を引き，そこに書かれた数字が偶数ならば $X = 1$，奇数ならば $X = -1$ とするとき，この変量 X の母平均 m，母分散 σ^2，母標準偏差 σ を求めよ。

▶國 p.80 例3

❖2 標本平均の分布

1 標本平均の期待値と標準偏差

▶國p.81～p.86

母平均 m，母標準偏差 σ の母集団から，大きさ n の標本を復元抽出するとき，標本平均 $\overline{X}$ の期待値 $E(\overline{X})$ と標準偏差 $\sigma(\overline{X})$ は

$$E(\overline{X}) = m, \quad \sigma(\overline{X}) = \frac{\sigma}{\sqrt{n}}$$

2 標本平均の分布

母平均 m，母標準偏差 σ の母集団から大きさ n の標本を無作為抽出するとき，n が大きければ，標本平均 $\overline{X}$ は近似的に正規分布 $N\left(m, \dfrac{\sigma^2}{n}\right)$ に従うとみなせる。

3 大数の法則

母平均 m の母集団から，大きさ n の標本を無作為抽出するとき，n が大きくなるに従って，その標本平均 $\overline{X}$ は母平均 m に近づく。

SPIRAL A

*142 ある高校の男子の身長の平均値は 169.2 cm，標準偏差は 5.5 cm である。この高校の男子から 25 人を無作為抽出するとき，その標本平均 $\overline{X}$ の期待値 $E(\overline{X})$ と標準偏差 $\sigma(\overline{X})$ を求めよ。　　　▶國p.83例4

143 1, 2, 3, 4 の数字が書かれた球が，それぞれ 1 個，2 個，3 個，4 個の合計 10 個ある。この 10 個の球が入っている袋から 2 個の球を無作為抽出するとき，書かれた数の標本平均 $\overline{X}$ の期待値 $E(\overline{X})$ と標準偏差 $\sigma(\overline{X})$ を求めよ。　　　▶國p.83例4

144 1, 2, 3 の数字が書かれたカードが，それぞれ 1 枚，2 枚，2 枚の合計 5 枚ある。この 5 枚のカードが入っている袋から 2 枚のカードを無作為抽出するとき，書かれた数の標本平均 $\overline{X}$ の期待値 $E(\overline{X})$ と標準偏差 $\sigma(\overline{X})$ を求めよ。　　　▶國p.83例4

SPIRAL **B**

145 母標準偏差が 2 の母集団から，大きさ n の標本を無作為抽出するとき，標本平均 $\overline{X}$ の標準偏差 $\sigma(\overline{X})$ が 0.1 以下となるようにするためには，n をいくつ以上にすればよいか。

146 1 個のさいころを 105 回投げるとき，出る目の平均を $\overline{X}$ とする。$\overline{X}$ の期待値 $E(\overline{X})$ と標準偏差 $\sigma(\overline{X})$ を求めよ。

標本平均の分布

例題 15	平均値 54 点，標準偏差 12 点の試験の答案から，36 枚の答案を無作為抽出する。このとき，得点の標本平均が 51 点以上 58 点以下である確率を求めよ。

解	得点の標本平均を $\overline{X}$ とすると，$\overline{X}$ は正規分布 $N\left(54,\ \dfrac{12^2}{36}\right)$ すなわち，正規分布 $N(54,\ 2^2)$ に従うとみなせる。 よって $Z = \dfrac{\overline{X} - 54}{2}$ とおくと，Z は標準正規分布 $N(0,\ 1)$ に従う。 $\overline{X} = 51$ のとき $Z = -1.5$，$\overline{X} = 58$ のとき $Z = 2$ であるから

$$
\begin{aligned}
P(51 \leqq \overline{X} \leqq 58) &= P(-1.5 \leqq Z \leqq 2) \\
&= P(-1.5 \leqq Z \leqq 0) + P(0 \leqq Z \leqq 2) \\
&= P(0 \leqq Z \leqq 1.5) + P(0 \leqq Z \leqq 2) \\
&= 0.4332 + 0.4772 \\
&= \mathbf{0.9104} \quad \text{答}
\end{aligned}
$$

147 平均値 50 点，標準偏差 10 点の試験の答案から，25 枚の答案を無作為抽出する。このとき，得点の標本平均が 48 点以下である確率を求めよ。

▶教 p.85 応用例題1

***148** 平均値 50 点，標準偏差 20 点の試験の答案から，100 枚の答案を無作為抽出する。このとき，得点の標本平均が 46 点以上 54 点以下である確率を求めよ。

▶教 p.85 応用例題1

149 平均値 50 点，標準偏差 20 点の試験の答案から，n 枚の答案を無作為抽出する。$n = 400$ と $n = 900$ の場合について，得点の標本平均が 49 点以上 51 点以下である確率を求めよ。

▶教 p.86 練習6

❖3 │ 統計的な推測

▶國 p.87〜p.95

1 母平均の推定

標本の大きさ n が大きいとき，母標準偏差を σ，標本平均を $\overline{X}$ とすると，母平均 m に対する信頼度 95% の信頼区間は

$$\overline{X} - 1.96 \times \frac{\sigma}{\sqrt{n}} \leqq m \leqq \overline{X} + 1.96 \times \frac{\sigma}{\sqrt{n}}$$

注　n が大きければ，母標準偏差 σ のかわりに標本の標準偏差を用いてもよい。

2 母比率の推定

母比率　　母集団において，ある性質Aをもつものの割合

標本比率　母集団から取り出した標本において，性質 A をもつものの割合

標本の大きさ n が大きいとき，標本比率を $\overline{p}$ とすると，母比率 p に対する信頼度 95% の信頼区間は

$$\overline{p} - 1.96\sqrt{\frac{\overline{p}(1-\overline{p})}{n}} \leqq p \leqq \overline{p} + 1.96\sqrt{\frac{\overline{p}(1-\overline{p})}{n}}$$

3 仮説検定

帰無仮説　母集団についての仮説

　　　　　　帰無仮説が誤りと判断されることを，**帰無仮説が棄却される**という。

有意水準　帰無仮説が誤りと判断する基準の確率。百分率で表す。

棄却域　　有意水準以下となる確率変数の値の範囲

　　　　　　帰無仮説にもとづいた確率変数 X の母集団分布が正規分布 $N(m,\ \sigma^2)$ に従うとき，有意水準 5% の棄却域は

$$X \leqq m - 1.96\sigma,\ m + 1.96\sigma \leqq X$$

SPIRAL A

150 母標準偏差 $\sigma = 6.0$ である母集団から，大きさ 144 の標本を無作為抽出したところ，標本平均が 38 であった。母平均 m に対する信頼度 95% の信頼区間を求めよ。　　　　　　　　　　　　　　　　▶國 p.88 例5

*151 ある工場で，25 枚の鋼板を無作為抽出して厚さを調べたところ，平均値 1.24 mm であった。母標準偏差を 0.10 mm として，この鋼板全体の厚さの平均値 m を，信頼度 95% で推定せよ。

152 A社の石けん 100 個を購入してその重さを調べたところ，平均値 51.0 g，標準偏差 5 g であった。A社の石けんの重さの平均値 m を，信頼度 95% で推定せよ。　　　　　　　　　　　　　　　　▶國 p.89 例題1

*153 ある選挙区で 400 人を無作為に選んで，A 候補の支持者を調べたところ，240 人であった。この選挙区における A 候補の支持率 p を，信頼度 95% で推定せよ。　　　　　　　　　　　　　　　　▶國 p.91 例題2

154 赤球 5 個，白球 5 個が入っている袋から復元抽出で 1 個ずつ 11 回取り出すとき，赤球が取り出される回数を X とすると，X は二項分布 $B\left(11, \dfrac{1}{2}\right)$ に従い，確率分布は小数第 5 位を四捨五入すると，右の表のようになる。このことを用いて，次の問いに答えよ。
仮説「袋に入っている 10 個の球のうち，赤球は 5 個である」を否定するかどうかの基準となる確率を 0.05 として，復元抽出で 1 個ずつ 11 回取り出して赤球が 1 回以下または 10 回以上出たとき，仮説を否定できるか判断せよ。

▶教 p.92 例6

X	P
0	0.0005
1	0.0054
2	0.0269
3	0.0806
4	0.1611
5	0.2255
6	0.2255
7	0.1611
8	0.0806
9	0.0269
10	0.0054
11	0.0005
計	1

155 10 本のくじの中に，当たりが 3 本入っているくじから復元抽出で 1 本ずつ 8 回くじを引くとき，当たりを引いた回数を X とすると，X は二項分布 $B\left(8, \dfrac{3}{10}\right)$ に従い，確率分布は小数第 6 位を四捨五入すると，右の表のようになる。このことを用いて，次の問いに答えよ。
「10 本のくじの中に，当たりは 3 本だけ入っている」といわれているくじを復元抽出で 1 本ずつ 8 回引いて，6 回以上当たりを引いたとき，「10 本のくじの中に，当たりは 3 本だけ入っている」は正しいといえるか。有意水準 5 % で仮説検定せよ。

▶教 p.93 例7

X	P
0	0.05765
1	0.19765
2	0.29648
3	0.25412
4	0.13613
5	0.04668
6	0.01000
7	0.00122
8	0.00007
計	1

*156 あるファーストフードグループで注文を受けてから商品を渡すまでの時間は，平均 5 分，標準偏差 1 分の正規分布に従うという。この時間を店員数が 16 人の A 店で調べたところ，平均値は 5.5 分であった。
この平均値は，グループ全体と比べて違いがあるといえるか。有意水準 5 % で仮説検定せよ。

▶教 p.94 例題3

157 ある養鶏場の卵は平均 60 g，標準偏差 4 g の正規分布に従うという。養鶏場を改修して 1 か月後に卵 25 個を調べたところ，平均値は 63 g であった。飼育環境を改修したことで，卵の重さに違いが出たといえるか。有意水準 5 % で仮説検定せよ。

▶教 p.94 例題3

SPIRAL B

158 ある製品の1個あたりの重さは正規分布 $N(m, \sigma^2)$ に従うという。
その母平均 m を信頼度 95 % で推定するとき，信頼区間の幅を 0.2σ 以下
にするには，標本の大きさ n を少なくとも何個にすればよいか。

159 全国の5歳児の身長は標準偏差 5 cm の正規分布に従うという。5歳児の
身長の平均値を信頼度 95 % で推定したい。信頼区間の幅を 1.4 cm 以内
にするためには，何人以上調べればよいか。

160 ある農園の栗は 10 % の不良品を含むと予想されている。この農園の栗の
不良品の比率を信頼度 95 % で推定したい。信頼区間の幅を 0.02 以下にす
るためには，いくつ以上の標本を抽出して調査すればよいか。

161 ある意見に対する賛成率は 80 % と予想されている。この意見に対する賛
成率を信頼度 95 % で推定したい。信頼区間の幅を 0.02 以下にするために
は，いくつ以上の標本を抽出して調査すればよいか。

162 ある機械が製造する製品には 2 % の不良品が含まれるという。ある日，こ
の製品 400 個を無作為抽出して調べたところ，不良品が 15 個含まれてい
た。この日の機械には異常があるといえるか。有意水準 5 % で仮説検定
せよ。　　　　　　　　　　　　　　　　　　　　　▶教 p.95 応用例題2

163 80 % は発芽すると宣伝されている種子 100 個を植えたところ，73 個の種
子が発芽した。この種子の宣伝は正しいといえるか。有意水準 5 % で仮
説検定せよ。　　　　　　　　　　　　　　　　　　▶教 p.95 応用例題2

SPIRAL C

164 次の問いに答えよ。
　(1) ある機械で生産される製品の長さは，平均 60 cm，標準偏差 5 cm の
　　　正規分布に従うという。この製品を無作為に n 個抽出して有意水準 5 %
　　　で仮説検定するとき，標本平均が 58.6 cm 以下または 61.4 cm 以上のと
　　　きは機械に異常があるとして機械を点検したい。n は少なくともいくつ
　　　にすればよいか。
　(2) さいころを n 回投げて，偶数の目が出た割合が 48 % 以下または 52 % 以
　　　上であれば，帰無仮説「さいころは正しくつくられている」を棄却したい。
　　　有意水準 5 % で仮説検定するとき，n は少なくともいくつにすればよいか。

———————————仮説検定の応用

例題16

次の問いに答えよ。

(1) 2つの確率変数 X_1, X_2 が互いに独立で，X_1 は正規分布 $N(m_1, \sigma_1{}^2)$ に従い，X_2 は正規分布 $N(m_2, \sigma_2{}^2)$ に従うとき，$X_1 - X_2$ も正規分布に従うことが知られている。$X_1 - X_2$ の期待値 $E(X_1 - X_2)$ と分散 $V(X_1 - X_2)$ を求めよ。

(2) A 社と B 社が販売しているある製品をそれぞれ 100 個購入して重さの平均値を調べたら，平均値の差が 0.7 g であった。A 社と B 社の製品の重さの平均に違いがあるといえるか。有意水準 5 % で仮説検定せよ。ただし，従来の統計から，A 社と B 社の製品の重さは，それぞれ標準偏差 3 g，4 g の正規分布に従うことがわかっているものとする。

解

(1) $E(X_1) = m_1$, $E(X_2) = m_2$, $V(X_1) = \sigma_1{}^2$, $V(X_2) = \sigma_2{}^2$ であるから

$$E(X_1 - X_2) = E(X_1 + (-X_2)) = E(X_1) + E(-X_2)$$
$$= E(X_1) - E(X_2) = \boldsymbol{m_1 - m_2} \quad \text{答}$$
$$V(X_1 - X_2) = V(X_1 + (-X_2)) = V(X_1) + V(-X_2)$$
$$= V(X_1) + (-1)^2 V(X_2) = V(X_1) + V(X_2) = \boldsymbol{\sigma_1{}^2 + \sigma_2{}^2} \quad \text{答}$$

(2) A 社の製品の重さを X_1，母平均を m_1 とすると，X_1 は正規分布 $N(m_1, 3^2)$ に従うから，標本平均 $\overline{X_1}$ は正規分布 $N\left(m_1, \dfrac{3^2}{100}\right)$ に従う。

B 社の製品の重さを X_2，母平均を m_2 とすると，X_2 は正規分布 $N(m_2, 4^2)$ に従うから，標本平均 $\overline{X_2}$ は正規分布 $N\left(m_2, \dfrac{4^2}{100}\right)$ に従う。

帰無仮説を「母平均は等しい」とすると，帰無仮説が正しければ，$m_1 = m_2$
$\overline{X_1}$, $\overline{X_2}$ は互いに独立であるから，(1)より，

$\overline{X_1} - \overline{X_2}$ は正規分布 $N\left(m_1 - m_2, \dfrac{3^2}{100} + \dfrac{4^2}{100}\right)$

すなわち，$N(0, 0.5^2)$ に従う。よって，$\overline{X_1} - \overline{X_2}$ の有意水準 5 % の棄却域は
$\overline{X_1} - \overline{X_2} \leqq 0 - 1.96 \times 0.5$, $0 + 1.96 \times 0.5 \leqq \overline{X_1} - \overline{X_2}$ より
$$\overline{X_1} - \overline{X_2} \leqq -0.98, \quad 0.98 \leqq \overline{X_1} - \overline{X_2}$$

標本平均の差 0.7 は棄却域に入らないから，帰無仮説は棄却されない。したがって，**重さの平均に違いがあるとも違いがないともいえない。** 答

165 A 社と B 社が販売しているある製品をそれぞれ 400 個購入して重さの平均値を調べたら，平均値の差が 1.5 g であった。A 社と B 社の製品の重さの平均に違いがあるといえるか。有意水準 5 % で仮説検定せよ。

ただし，従来の統計から，A 社と B 社の製品の重さは，それぞれ標準偏差 5 g，12 g の正規分布に従うことがわかっているものとする。

解答

1 (1) 9　(2) -6　(3) 9　(4) -8

2 (1) 1, 4, 7, 10, 13

(2) -1, 2, 7, 14, 23

(3) $\dfrac{1}{2}$, $\dfrac{2}{3}$, $\dfrac{3}{4}$, $\dfrac{4}{5}$, $\dfrac{5}{6}$

(4) 9, 99, 999, 9999, 99999

3 (1) $a_6=18$, $a_n=3n$

(2) $a_6=36$, $a_n=n^2$

(3) $a_6=28$, $a_n=5n-2$

4 (1) 初項 6, 末項 96, 項数 16

(2) 初項 11, 末項 99, 項数 45

5 (1) 3, 5, 7, 9, 11

(2) 10, 7, 4, 1, -2

6 (1) 初項 1, 公差 4

(2) 初項 8, 公差 -3

(3) 初項 -12, 公差 5

(4) 初項 1, 公差 $-\dfrac{4}{3}$

7 (1) $a_n=2n+1$, $a_{10}=21$

(2) $a_n=-3n+13$, $a_{10}=-17$

(3) $a_n=\dfrac{1}{2}n+\dfrac{1}{2}$, $a_{10}=\dfrac{11}{2}$

(4) $a_n=-\dfrac{1}{2}n-\dfrac{3}{2}$, $a_{10}=-\dfrac{13}{2}$

8 (1) 第 32 項　(2) 第 20 項

9 (1) $a_n=3n+2$　(2) $a_n=-7n+24$

(3) $a_n=6n-45$　(4) $a_n=-5n+49$

10 (1) $a_n=7n-28$　(2) $a_n=5n-16$

(3) $a_n=-3n+23$　(4) $a_n=-3n+25$

11 (1) 第 68 項　(2) 第 333 項

12 (1) $x=7$　(2) $x=1$

13 略　$a_{n+1}-a_n=(一定)$ を示せばよい。

初項は 7, 公差は 4

14 (1) 2100　(2) 611

(3) 150　(4) -370

15 (1) 820　(2) 837　(3) -285　(4) $-\dfrac{11}{6}$

16 (1) $\dfrac{1}{2}n(3n-13)$

(2) $-2n(n-11)$

17 (1) 1830　(2) 20100

(3) 400　(4) 2500

18 (1) 第 10 項までの和

(2) 第 16 項までの和

19 第 12 項までの和, $S=498$

20 $a_n=4n+3$

21 (1) 30 個　(2) 1635

22 (1) 2550　(2) 1683

(3) 3417　(4) 1633

23 (1) 初項 3, 公比 2

(2) 初項 2, 公比 $\dfrac{2}{5}$

(3) 初項 2, 公比 -3

(4) 初項 4, 公比 $\sqrt{3}$

24 (1) $a_n=4\times 3^{n-1}$, $a_5=324$

(2) $a_n=4\times\left(-\dfrac{1}{3}\right)^{n-1}$, $a_5=\dfrac{4}{81}$

(3) $a_n=-(-2)^{n-1}$, $a_5=-16$

(4) $a_n=5\times(-\sqrt{2})^{n-1}$, $a_5=20$

25 (1) $a_n=3\times 2^{n-1}$

(2) $a_n=-2\times(-3)^{n-1}$

(3) $a_n=5\times 2^{n-1}$

(4) $a_n=-4\times 3^{n-1}$　または　$a_n=-4\times(-3)^{n-1}$

26 (1) $a_n=3\times 2^{n-1}$　または　$a_n=3\times(-2)^{n-1}$

(2) $a_n=-2\times 3^{n-1}$　または　$a_n=2\times(-3)^{n-1}$

(3) $a_n=3\times 2^{n-1}$

(4) $a_n=9\times\left(-\dfrac{2}{3}\right)^{n-1}$

27 (1) $x=\pm 6$　(2) $x=\pm 10$

(3) $x=\pm 2\sqrt{2}$　(4) $x=\pm\sqrt{6}$

28 (1) 第 8 項　(2) 第 10 項

29 第 7 項

30 6, 12, 24　または　-6, 12, -24

31 $a_n=3\times 4^{n-1}$　または　$a_n=-5\times(-4)^{n-1}$

32 $\begin{cases} a=1 \\ b=-4 \end{cases}$ $\begin{cases} a=9 \\ b=12 \end{cases}$

33 $a=1$, $b=3$, $c=9$

34 (1) 364　(2) -42

(3) $\dfrac{665}{8}$　(4) $-\dfrac{182}{243}$

35 (1) $\dfrac{1}{2}(3^n-1)$　(2) $\dfrac{2}{3}\{1-(-2)^n\}$

(3) $243\left\{1-\left(\dfrac{2}{3}\right)^n\right\}$　(4) $16\left\{\left(\dfrac{3}{2}\right)^n-1\right\}$

36 $\dfrac{255}{8}$

37 第 6 項までの和

38 $S_n=\dfrac{2}{7}\{1-(-6)^n\}$　または　$S_n=\dfrac{1}{2}(5^n-1)$

39 $a=\dfrac{5}{7}$, $r=2$

40 (1) $6(2^n-1)$ (2) $12(4^n-1)$

41 75

42 (1) 1240 (2) 255 (3) 45738

43 (1) 1240 (2) 4324

44 (1) $3+5+7+9+11$

(2) $3+9+27+81+243+729$

(3) $2\cdot3+3\cdot4+4\cdot5+\cdots\cdots+(n+1)(n+2)$

(4) $3^2+4^2+5^2+\cdots\cdots+(n+1)^2$

45 (1) $\displaystyle\sum_{k=1}^{8}(3k+2)$ (2) $\displaystyle\sum_{k=1}^{11}2^{k-1}$

46 (1) 28 (2) 78

(3) 91 (4) 385

47 (1) 765 (2) 1456

(3) 2046 (4) $2\left\{1-\left(\dfrac{1}{2}\right)^n\right\}$

48 (1) $n(n-4)$

(2) $\dfrac{1}{2}n(3n+11)$

(3) $\dfrac{1}{3}n(n+2)(n-2)$

(4) $\dfrac{1}{3}n(2n^2-3n+4)$

(5) $\dfrac{1}{2}n(n-1)(2n+3)$

(6) $\dfrac{1}{6}n(n-1)(2n-1)$

49 (1) $(n-1)(n+3)$

(2) $\dfrac{1}{2}(n-1)(3n-2)$

(3) $\dfrac{1}{3}(n-1)(n+1)(n+3)$

(4) $\dfrac{1}{3}(n-1)(n^2-2n-6)$

50 (1) $\dfrac{1}{3}n(n^2+6n+11)$

(2) $\dfrac{1}{2}n(n+1)(2n+3)$

(3) $\dfrac{1}{2}n(4n^2+n-1)$

(4) $\dfrac{1}{3}n(4n^2+12n+11)$

51 (1) $\dfrac{1}{6}n(n+1)(2n+1)$

(2) $\dfrac{1}{4}(3^{n+1}-2n-3)$

52 (1) $b_n=n$ (2) $b_n=2n$

(3) $b_n=-2n+7$ (4) $b_n=2^n$

(5) $b_n=3^{n-1}$ (6) $b_n=(-3)^{n-1}$

53 (1) $a_n=\dfrac{3}{2}n^2-\dfrac{5}{2}n+2$

(2) $a_n=2n^2-5n+4$

(3) $a_n=-\dfrac{3}{2}n^2+\dfrac{5}{2}n+9$

(4) $a_n=\dfrac{3^{n-1}-5}{2}$

(5) $a_n=2^n-3$

(6) $a_n=\dfrac{7-(-2)^{n-1}}{3}$

54 (1) $a_n=2n-4$

(2) $a_n=6n+1$

(3) $a_n=2\times3^{n-1}$

55 $\dfrac{n}{4n+1}$

56 (1) $\sqrt{n+1}-1$

(2) $\dfrac{\sqrt{2n+3}-\sqrt{3}}{2}$

57 (1) $\dfrac{2n}{n+1}$ (2) $\dfrac{n}{4(n+1)}$

58 (1) $\dfrac{(2n-1)\cdot3^n+1}{2}$

(2) $8-(3n+4)\left(\dfrac{1}{2}\right)^{n-1}$

59 (1) $\dfrac{nx^{n+1}-(n+1)x^n+1}{(1-x)^2}$

(2) $\dfrac{(2n-1)x^{n+1}-(2n+1)x^n+x+1}{(1-x)^2}$

60 (1) $2m^2-2m+1$

(2) $m(2m^2-1)$

(3) 第10群の6番目

61 (1) $a_2=5$, $a_3=8$
$a_4=11$, $a_5=14$

(2) $a_2=-6$, $a_3=12$
$a_4=-24$, $a_5=48$

(3) $a_2=11$, $a_3=25$
$a_4=53$, $a_5=109$

(4) $a_2=2$, $a_3=8$
$a_4=33$, $a_5=148$

62 (1) $a_n=6n-4$

(2) $a_n=-4n+19$

(3) $a_n=5\times3^{n-1}$

(4) $a_n=8\times\left(\dfrac{3}{2}\right)^{n-1}$

63 (1) $a_n=\dfrac{1}{2}n^2+\dfrac{1}{2}n$

(2) $a_n=\dfrac{3}{2}n^2+\dfrac{1}{2}n+1$

(3) $a_n=\dfrac{1}{3}n^3-\dfrac{1}{2}n^2+\dfrac{1}{6}n+1$

(4) $a_n=n^3-2n^2+n+2$

64 (1) $a_{n+1}-1=2(a_n-1)$

(2) $a_{n+1}+2=-3(a_n+2)$

65 (1) $a_n=4^{n-1}+1$

(2) $a_n=4\cdot3^{n-1}-1$

(3) $a_n=2\cdot3^{n-1}+1$

(4) $a_n=7\cdot5^{n-1}-2$

(5) $a_n=-3\left(\dfrac{3}{4}\right)^{n-1}+4$

(6) $a_n=-\dfrac{2}{3}\left(-\dfrac{1}{2}\right)^{n-1}+\dfrac{2}{3}$

66 (1) $a_n=\dfrac{3^n-7}{2}$

(2) $a_n=2^n+\dfrac{1}{2}n^2-\dfrac{1}{2}n-2$

67 (1) $b_{n+1}=4b_n+3$

(2) $b_n=4^n-1$,　$a_n=\dfrac{1}{4^n-1}$

68 $a_n=-2^n+1$

69 (1) $b_{n+1}=b_n+\dfrac{1}{3}\times\left(\dfrac{2}{3}\right)^n$

(2) $b_n=1-\left(\dfrac{2}{3}\right)^n$,　$a_n=3^n-2^n$

70 (1) $a_{n+1}=a_n+n$

(2) $a_n=\dfrac{1}{2}n(n-1)$

71 (1) $a_3=11$, $a_4=21$, $a_5=43$

(2) $a_3=4$, $a_4=8$, $a_5=16$

72 $a_n=3^n-1$

73 (1) $3+5+7+\cdots\cdots+(2n+1)=n(n+2)$
　　　　　　　　　　　　$\cdots\cdots$①

とおく。

[I] $n=1$ のとき
　　（左辺）$=3$, （右辺）$=1\cdot3=3$
　　よって, $n=1$ のとき, ①は成り立つ。

[II] $n=k$ のとき, ①が成り立つと仮定すると
　　$3+5+7+\cdots\cdots+(2k+1)=k(k+2)$
　この式を用いると, $n=k+1$ のときの①の
　左辺は
　　$3+5+7+\cdots\cdots+(2k+1)+\{2(k+1)+1\}$
　$=k(k+2)+(2k+3)$
　$=k^2+4k+3$
　$=(k+1)(k+3)$
　$=(k+1)\{(k+1)+2\}$
　よって, $n=k+1$ のときも①は成り立つ。

[I], [II]から, すべての自然数 n について①が
成り立つ。

(2) $1+2+2^2+\cdots\cdots+2^{n-1}=2^n-1$ $\cdots\cdots$①
とおく。

[I] $n=1$ のとき
　　（左辺）$=1$, （右辺）$=2^1-1=1$
　　よって, $n=1$ のとき, ①は成り立つ。

[II] $n=k$ のとき, ①が成り立つと仮定すると
　　$1+2+2^2+\cdots\cdots+2^{k-1}=2^k-1$
　この式を用いると, $n=k+1$ のときの①の
　左辺は
　　$1+2+2^2+\cdots\cdots+2^{k-1}+2^{(k+1)-1}$
　$=(2^k-1)+2^k$
　$=2\cdot2^k-1$
　$=2^{k+1}-1$
　よって, $n=k+1$ のときも①は成り立つ。

[I], [II]から, すべての自然数 n について①が
成り立つ。

(3) $1\cdot3+2\cdot4+3\cdot5+\cdots\cdots+n(n+2)$
　$=\dfrac{1}{6}n(n+1)(2n+7)$ $\cdots\cdots$① とおく。

[I] $n=1$ のとき
　　（左辺）$=1\cdot3=3$, （右辺）$=\dfrac{1}{6}\cdot1\cdot2\cdot9=3$
　　よって, $n=1$ のとき, ①は成り立つ。

[II] $n=k$ のとき, ①が成り立つと仮定すると
　　$1\cdot3+2\cdot4+3\cdot5+\cdots\cdots+k(k+2)$
　　$=\dfrac{1}{6}k(k+1)(2k+7)$
　この式を用いると, $n=k+1$ のときの①の
　左辺は
　　$1\cdot3+2\cdot4+3\cdot5+\cdots\cdots+k(k+2)$
　　　　　　　　　　$+(k+1)\{(k+1)+2\}$
　$=\dfrac{1}{6}k(k+1)(2k+7)+(k+1)(k+3)$
　$=\dfrac{1}{6}(k+1)\{k(2k+7)+6(k+3)\}$
　$=\dfrac{1}{6}(k+1)(2k^2+13k+18)$
　$=\dfrac{1}{6}(k+1)(k+2)(2k+9)$
　$=\dfrac{1}{6}(k+1)\{(k+1)+1\}\{2(k+1)+7\}$
　よって, $n=k+1$ のときも①は成り立つ。

[I], [II]から, すべての自然数 n について①が
成り立つ。

74 命題「6^n-1 は 5 の倍数である」を①とする。

[I] $n=1$ のとき $6^1-1=5$
よって，$n=1$ のとき，①は成り立つ。
[II] $n=k$ のとき，①が成り立つと仮定すると，整数 m を用いて
$$6^k-1=5m$$
と表される。
この式を用いると，$n=k+1$ のとき
$$\begin{aligned}6^{k+1}-1&=6\cdot6^k-1\\&=6(5m+1)-1\\&=30m+5\\&=5(6m+1)\end{aligned}$$
$6m+1$ は整数であるから，$6^{k+1}-1$ は 5 の倍数である。
よって，$n=k+1$ のときも①は成り立つ。
[I]，[II]から，すべての自然数 n について①が成り立つ。

75 (1) $1^3+2^3+3^3+\cdots\cdots+n^3=\left\{\dfrac{1}{2}n(n+1)\right\}^2$ ……①
とおく。
[I] $n=1$ のとき
（左辺）$=1^3=1$，（右辺）$=\left\{\dfrac{1}{2}\cdot1\cdot(1+1)\right\}^2=1$
よって，$n=1$ のとき，①は成り立つ。
[II] $n=k$ のとき，①が成り立つと仮定すると
$$1^3+2^3+3^3+\cdots\cdots+k^3=\left\{\dfrac{1}{2}k(k+1)\right\}^2$$
この式を用いると，$n=k+1$ のときの①の左辺は
$$\begin{aligned}&1^3+2^3+3^3+\cdots\cdots+k^3+(k+1)^3\\&=\left\{\dfrac{1}{2}k(k+1)\right\}^2+(k+1)^3\\&=\dfrac{1}{4}k^2(k+1)^2+(k+1)^3\\&=\dfrac{1}{4}(k+1)^2\{k^2+4(k+1)\}\\&=\dfrac{1}{4}(k+1)^2(k^2+4k+4)\\&=\dfrac{1}{4}(k+1)^2(k+2)^2\\&=\dfrac{1}{4}(k+1)^2\{(k+1)+1\}^2\\&=\left[\dfrac{1}{2}(k+1)\{(k+1)+1\}\right]^2\end{aligned}$$
よって，$n=k+1$ のときも①は成り立つ。
[I]，[II]から，すべての自然数 n について①が成り立つ。

(2) $1\cdot2\cdot3+2\cdot3\cdot4+\cdots\cdots+n(n+1)(n+2)$
$=\dfrac{1}{4}n(n+1)(n+2)(n+3)$ ……①
とおく。
[I] $n=1$ のとき
（左辺）$=1\cdot2\cdot3=6$
（右辺）$=\dfrac{1}{4}\cdot1\cdot(1+1)(1+2)(1+3)$
$=6$
よって，$n=1$ のとき，①は成り立つ。
[II] $n=k$ のとき，①が成り立つと仮定すると
$$\begin{aligned}&1\cdot2\cdot3+2\cdot3\cdot4+\cdots\cdots+k(k+1)(k+2)\\&=\dfrac{1}{4}k(k+1)(k+2)(k+3)\end{aligned}$$
この式を用いると，
$n=k+1$ のときの①の左辺は
$$\begin{aligned}&1\cdot2\cdot3+2\cdot3\cdot4+\cdots\cdots+k(k+1)(k+2)\\&\qquad\qquad+(k+1)(k+2)(k+3)\\&=\dfrac{1}{4}k(k+1)(k+2)(k+3)\\&\qquad\qquad+(k+1)(k+2)(k+3)\\&=\dfrac{1}{4}(k+1)(k+2)(k+3)(k+4)\\&=\dfrac{1}{4}(k+1)\{(k+1)+1\}\{(k+1)+2\}\\&\qquad\qquad\times\{(k+1)+3\}\end{aligned}$$
よって，$n=k+1$ のときも①は成り立つ。
[I]，[II]から，すべての自然数 n について①が成り立つ。

(3) $\dfrac{1}{1\cdot2}+\dfrac{1}{2\cdot3}+\dfrac{1}{3\cdot4}+\cdots\cdots+\dfrac{1}{n(n+1)}=\dfrac{n}{n+1}$ ……①
とおく。
[I] $n=1$ のとき
（左辺）$=\dfrac{1}{1\cdot2}=\dfrac{1}{2}$
（右辺）$=\dfrac{1}{1+1}=\dfrac{1}{2}$
よって，$n=1$ のとき①は成り立つ。
[II] $n=k$ のとき，①が成り立つと仮定すると
$$\dfrac{1}{1\cdot2}+\dfrac{1}{2\cdot3}+\dfrac{1}{3\cdot4}+\cdots\cdots+\dfrac{1}{k(k+1)}=\dfrac{k}{k+1}$$
この式を用いると，
$n=k+1$ のときの①の左辺は
$$\begin{aligned}&\dfrac{1}{1\cdot2}+\dfrac{1}{2\cdot3}+\dfrac{1}{3\cdot4}+\cdots\cdots+\dfrac{1}{k(k+1)}\\&\qquad\qquad+\dfrac{1}{(k+1)(k+2)}\end{aligned}$$

$$= \frac{k}{k+1} + \frac{1}{(k+1)(k+2)}$$
$$= \frac{k(k+2)+1}{(k+1)(k+2)}$$
$$= \frac{k^2+2k+1}{(k+1)(k+2)}$$
$$= \frac{(k+1)^2}{(k+1)(k+2)}$$
$$= \frac{k+1}{k+2}$$
$$= \frac{k+1}{(k+1)+1}$$

よって，$n=k+1$ のときも①は成り立つ。

[I]，[II]から，すべての自然数 n について①が成り立つ。

(4) $\dfrac{1}{2} + \dfrac{2}{2^2} + \dfrac{3}{2^3} + \cdots\cdots + \dfrac{n}{2^n} = 2 - \dfrac{n+2}{2^n}$ ……①

とおく。

[I] $n=1$ のとき

$$（左辺）= \frac{1}{2}, \quad （右辺）= 2 - \frac{1+2}{2} = \frac{1}{2}$$

よって，$n=1$ のとき①は成り立つ。

[II] $n=k$ のとき，①が成り立つと仮定すると

$$\frac{1}{2} + \frac{2}{2^2} + \frac{3}{2^3} + \cdots\cdots + \frac{k}{2^k} = 2 - \frac{k+2}{2^k}$$

この式を用いると，

$n=k+1$ のときの①の左辺は

$$\frac{1}{2} + \frac{2}{2^2} + \frac{3}{2^3} + \cdots\cdots + \frac{k}{2^k} + \frac{k+1}{2^{k+1}}$$
$$= 2 - \frac{k+2}{2^k} + \frac{k+1}{2^{k+1}}$$
$$= 2 - \frac{2(k+2)-(k+1)}{2^{k+1}}$$
$$= 2 - \frac{k+3}{2^{k+1}}$$
$$= 2 - \frac{(k+1)+2}{2^{k+1}}$$

よって，$n=k+1$ のときも①は成り立つ。

[I]，[II]から，すべての自然数 n について①が成り立つ。

76 (1) $4^n > 6n-3$ ……① とおく。

[I] $n=1$ のとき

$$（左辺）= 4^1 = 4, \quad （右辺）= 6 \cdot 1 - 3 = 3$$

よって，$n=1$ のとき，①は成り立つ。

[II] $n=k$ のとき，①が成り立つと仮定すると

$$4^k > 6k-3$$

この式を用いて，$n=k+1$ のときも①が成り立つこと，すなわち

$$4^{k+1} > 6(k+1)-3 \quad ……②$$

が成り立つことを示せばよい。

②の両辺の差を考えると

$$（左辺）-（右辺）= 4^{k+1} - 6(k+1) + 3$$
$$= 4 \cdot 4^k - 6k - 3$$
$$> 4(6k-3) - 6k - 3$$
$$= 18k - 15$$

ここで，$k \geqq 1$ であるから

$$18k - 15 > 0$$

よって，②が成り立つから，$n=k+1$ のときも①は成り立つ。

[I]，[II]から，すべての自然数 n について①が成り立つ。

(2) $2^n > n^2$ ……① とおく。

[I] $n=5$ のとき

$$（左辺）= 2^5 = 32, \quad （右辺）= 5^2 = 25$$

よって，$n=5$ のとき，①は成り立つ。

[II] $k \geqq 5$ として，$n=k$ のとき，①が成り立つと仮定すると

$$2^k > k^2$$

この式を用いて，$n=k+1$ のときも①が成り立つこと，すなわち

$$2^{k+1} > (k+1)^2 \quad ……②$$

が成り立つことを示せばよい。

②の両辺の差を考えると

$$（左辺）-（右辺）= 2^{k+1} - (k+1)^2$$
$$= 2 \cdot 2^k - (k+1)^2$$
$$> 2 \cdot k^2 - (k^2+2k+1)$$
$$= k^2 - 2k - 1$$
$$= (k-1)^2 - 2$$

ここで，$k \geqq 5$ であるから

$$(k-1)^2 - 2 \geqq (5-1)^2 - 2 = 14 > 0$$

よって $(k-1)^2 - 2 > 0$ となり，②が成り立つから，$n=k+1$ のときも①は成り立つ。

[I]，[II]から，5 以上のすべての自然数 n について①が成り立つ。

77 $\dfrac{1}{1^2} + \dfrac{1}{2^2} + \dfrac{1}{3^2} + \cdots\cdots + \dfrac{1}{n^2} < 2 - \dfrac{1}{n}$ ……①

とおく。

[I] $n=2$ のとき

$$（左辺）= \frac{1}{1^2} + \frac{1}{2^2} = 1 + \frac{1}{4} = \frac{5}{4}$$

$$（右辺）= 2 - \frac{1}{2} = \frac{3}{2} = \frac{6}{4}$$

$\dfrac{5}{4} < \dfrac{6}{4}$ より $n=2$ のとき，①は成り立つ。

[II] $k \geqq 2$ として，$n=k$ のとき①が成り立つと仮定すると

$$\frac{1}{1^2}+\frac{1}{2^2}+\frac{1}{3^2}+\cdots\cdots+\frac{1}{k^2}<2-\frac{1}{k}$$

この式を用いて，$n=k+1$ のときも①が成り立つこと，すなわち

$$\frac{1}{1^2}+\frac{1}{2^2}+\frac{1}{3^2}+\cdots\cdots+\frac{1}{k^2}+\frac{1}{(k+1)^2}$$
$$<2-\frac{1}{k+1} \quad\cdots\cdots②$$

が成り立つことを示せばよい。

②の両辺の差を考えると

（右辺）－（左辺）

$$=\left(2-\frac{1}{k+1}\right)-\left\{\frac{1}{1^2}+\frac{1}{2^2}+\frac{1}{3^2}+\cdots\cdots+\frac{1}{k^2}+\frac{1}{(k+1)^2}\right\}$$

$$>\left(2-\frac{1}{k+1}\right)-\left\{2-\frac{1}{k}+\frac{1}{(k+1)^2}\right\}$$

$$=\frac{1}{k}-\frac{1}{k+1}-\frac{1}{(k+1)^2}$$

$$=\frac{(k+1)^2-k(k+1)-k}{k(k+1)^2}$$

$$=\frac{1}{k(k+1)^2}>0$$

よって，②が成り立つから，

$n=k+1$ のときも①が成り立つ。

[I]，[II]から，2以上のすべての自然数 n について①が成り立つ。

78 命題「$2^{3n}-7n-1$ は 49 の倍数である」を①とする。

[I] $n=1$ のとき $2^3-7-1=0$

0 は 49 の倍数であるから，$n=1$ のとき，①は成り立つ。

[II] $n=k$ のとき，①が成り立つと仮定すると，整数 m を用いて $2^{3k}-7k-1=49m$

と表される。

この式を用いると，$n=k+1$ のとき

$2^{3(k+1)}-7(k+1)-1$

$=2^3 \cdot 2^{3k}-7k-8$

$=8(49m+7k+1)-7k-8$

$=49(8m+k)$

ここで，$8m+k$ は整数であるから，

$2^{3(k+1)}-7(k+1)-1$ は 49 の倍数である。

よって，$n=k+1$ のときも①は成り立つ。

[I]，[II]から，すべての自然数 n について①が成り立つ。

79 (1) $a_2=\dfrac{3}{2}$，$a_3=\dfrac{5}{3}$，$a_4=\dfrac{7}{4}$

$a_n=\dfrac{2n-1}{n}$ と推定できる。

(2) $a_n=\dfrac{2n-1}{n}$ ……① とおく。

[I] $n=1$ のとき，$a_1=\dfrac{2-1}{1}=1$

よって，$n=1$ のとき，①は成り立つ。

[II] $n=k$ のとき，①が成り立つと仮定すると

$$a_k=\frac{2k-1}{k}$$

このとき

$$a_{k+1}=\frac{4-a_k}{3-a_k}=\frac{4-\dfrac{2k-1}{k}}{3-\dfrac{2k-1}{k}}$$

$$=\frac{4k-(2k-1)}{3k-(2k-1)}=\frac{2k+1}{k+1}=\frac{2(k+1)-1}{k+1}$$

よって，$n=k+1$ のときも①は成り立つ。

[I]，[II]から，すべての自然数 n について①が成り立つ。ゆえに，推定した一般項は正しい。

80 $\dfrac{12}{35}$

81 (1) $\dfrac{5}{16}$ (2) $\dfrac{1}{2}$ (3) $\dfrac{13}{16}$

82 平均値 $\bar{x}$ は 5，分散 s^2 は 9，標準偏差 s は 3

83

X	1	2	3	4	計
P	$\dfrac{1}{10}$	$\dfrac{2}{10}$	$\dfrac{3}{10}$	$\dfrac{4}{10}$	1

84

X	0	1	2	3	4	計
P	$\dfrac{1}{16}$	$\dfrac{4}{16}$	$\dfrac{6}{16}$	$\dfrac{4}{16}$	$\dfrac{1}{16}$	1

85

X	0	1	2	計
P	$\dfrac{1}{10}$	$\dfrac{6}{10}$	$\dfrac{3}{10}$	1

$P(0 \leqq X \leqq 1)=\dfrac{7}{10}$

86

X	0	1	2	3	計
P	$\dfrac{10}{84}$	$\dfrac{40}{84}$	$\dfrac{30}{84}$	$\dfrac{4}{84}$	1

$P(X \geqq 2)=\dfrac{17}{42}$

87

X	0	1	2	3	4	5	計
P	$\dfrac{6}{36}$	$\dfrac{10}{36}$	$\dfrac{8}{36}$	$\dfrac{6}{36}$	$\dfrac{4}{36}$	$\dfrac{2}{36}$	1

$P(0 \leqq X \leqq 2)=\dfrac{2}{3}$

88

X	1	2	3	4	5	6	計
P	$\frac{1}{216}$	$\frac{7}{216}$	$\frac{19}{216}$	$\frac{37}{216}$	$\frac{61}{216}$	$\frac{91}{216}$	1

$P(3\leqq X\leqq5)=\dfrac{13}{24}$

89 $\dfrac{5}{2}$

90 $\dfrac{6}{5}$

91 10点

92 4

93 (1) $\dfrac{15}{2}$　(2) $-\dfrac{7}{2}$　(3) $\dfrac{33}{2}$　(4) 5

94 3点

95 (1) 1　　　(2) 1

96 20点

97 7

98 $\dfrac{161}{36}$

99 6個

100 (1) $E(X)=0,\ V(X)=2,\ \sigma(X)=\sqrt{2}$
(2) $E(X)=2,\ V(X)=1,\ \sigma(X)=1$

101 $\sigma(X)=\dfrac{2\sqrt{5}}{7}$

102 (1) $E(3X+1)=13$
$V(3X+1)=18$
$\sigma(3X+1)=3\sqrt{2}$
(2) $E(-X)=-4$
$V(-X)=2$
$\sigma(-X)=\sqrt{2}$
(3) $E(-6X+5)=-19$
$V(-6X+5)=72$
$\sigma(-6X+5)=6\sqrt{2}$

103 X の期待値は $\dfrac{6}{5}$ 個, 標準偏差は $\dfrac{3}{5}$ 個, Y の期待値は 100 点, 標準偏差は 300 点

104 $E(X)=2,\ \sigma(X)=\dfrac{\sqrt{6}}{3}$

105 $E(X)=2,\ \sigma(X)=\dfrac{\sqrt{2}}{2}$

106 (1) 期待値は 0, 標準偏差は 1
(2) 期待値は 50, 標準偏差は 10

107 $E(X)=\dfrac{5}{2},\ V(X)=\dfrac{1}{4}$

108 (1) $a=\dfrac{1}{24},\ b=\dfrac{1}{2}$

(2) $\dfrac{17}{24}$

(3) $E(X)=\dfrac{23}{6},\ V(X)=\dfrac{19}{18}$

109 $E(X)=1,\ V(X)=1$

110 (1) $\dfrac{k^2}{9}$　(2) $\dfrac{2k-1}{9}$

(3) $E(X)=\dfrac{22}{9},\ \sigma(X)=\dfrac{\sqrt{38}}{9}$

111 (1) 14　　(2) $\dfrac{343}{8}$

112 X, Y は互いに独立である。

113 期待値は $\dfrac{3}{2}$ 枚, 分散は $\dfrac{3}{4}$

114 期待値は $\dfrac{13}{5}$ 個, 分散は $\dfrac{18}{25}$

115 25

116 (1) $\dfrac{2}{5}$

(2) $P(X=1)=\dfrac{3}{5},\ P(Y=3)=\dfrac{1}{4}$

(3)

X＼Y	1	3	計
1	$\frac{9}{20}$	$\frac{3}{20}$	$\frac{3}{5}$
3	$\frac{3}{10}$	$\frac{1}{10}$	$\frac{2}{5}$
計	$\frac{3}{4}$	$\frac{1}{4}$	1

(4) $E(X+Y)=\dfrac{33}{10},\ V(X+Y)=\dfrac{171}{100}$

117 $n=9,\ p=\dfrac{1}{6}$

118 (1) $\dfrac{64}{243}$　(2) $\dfrac{160}{729}$

119 (1) $\dfrac{45}{1024}$　(2) $\dfrac{291}{512}$

120 $E(X)=100$
$V(X)=\dfrac{200}{3}$
$\sigma(X)=\dfrac{10\sqrt{6}}{3}$

121 $E(X)=10$
$V(X)=9.9$
$\sigma(X)=\dfrac{3\sqrt{110}}{10}$

122 $E(X)=6$
$V(X)=\dfrac{144}{25}$
$\sigma(X)=\dfrac{12}{5}$

123 期待値は 25 点, 標準偏差は $\dfrac{55\sqrt{3}}{3}$ 点

124 $a=20$, $n=16$

125 $E(X)=10$, $\sigma(X)=3\sqrt{5}$

126 $8\leqq n\leqq 12$

127 (1) $\dfrac{3}{4}$ (2) $\dfrac{1}{4}$

128 (1) 0.4265 (2) 0.8185 (3) 0.0668

129 (1) 0.3830 (2) 0.6915 (3) 0.0668

130 (1) 0.1587 (2) 0.2266

131 0.0013

132 0.8185

133 およそ 93%

134 0.0013

135 (1) $E(X)=360$, $\sigma(X)=15$
(2) 0.1587

136 $k=69.6$

137 (1) 0.6826 (2) $k=187$

138 (1) およそ 2.5%
(2) およそ 240 人
(3) およそ 20 人

139 (1) 全数調査 (2) 標本調査

140 (1) 729 通り (2) 504 通り
(3) 84 通り

141 $m=-\dfrac{1}{9}$, $\sigma^2=\dfrac{80}{81}$, $\sigma=\dfrac{4\sqrt{5}}{9}$

142 $E(\overline{X})=169.2$, $\sigma(\overline{X})=1.1$

143 $E(\overline{X})=3$, $\sigma(\overline{X})=\dfrac{\sqrt{2}}{2}$

144 $E(\overline{X})=\dfrac{11}{5}$, $\sigma(\overline{X})=\dfrac{\sqrt{7}}{5}$

145 400 以上

146 $E(\overline{X})=\dfrac{7}{2}$, $\sigma(\overline{X})=\dfrac{1}{6}$

147 0.1587

148 0.9544

149 $n=400$ のとき 0.6826
$n=900$ のとき 0.8664

150 $37.02\leqq m\leqq 38.98$

151 1.20 mm 以上 1.28 mm 以下

152 50.0 g 以上 52.0 g 以下

153 0.552 以上 0.648 以下

154 仮説は否定できる

155 10 本のくじの中に，当たりは 3 本だけではないといえる

156 A 店の平均時間は，グループ全体の平均時間と比べて違いがあるといえる

157 卵の重さに違いが出たといえる

158 385 個

159 196 人以上

160 3458 以上

161 6147 以上

162 この日の機械には異常があるといえる

163 この種子の宣伝は正しいとも正しくないともいえない

164 (1) 49 (2) 2401

165 重さの平均に違いがあるといえる

スパイラル数学B

●編　者　実教出版編修部

●発行者　小田　良次

●印刷所　寿印刷株式会社

●発行所　実教出版株式会社

〒102-8377
東京都千代田区五番町5
電話＜営業＞(03)3238-7777
　　＜編修＞(03)3238-7785
　　＜総務＞(03)3238-7700
https://www.jikkyo.co.jp/

002402023　　　　　　　ISBN 978-4-407-35690-8